跨越潮汐，迎風啓航

陳諸讚總幹事，帶領彰化區漁會成長蛻變的軌跡

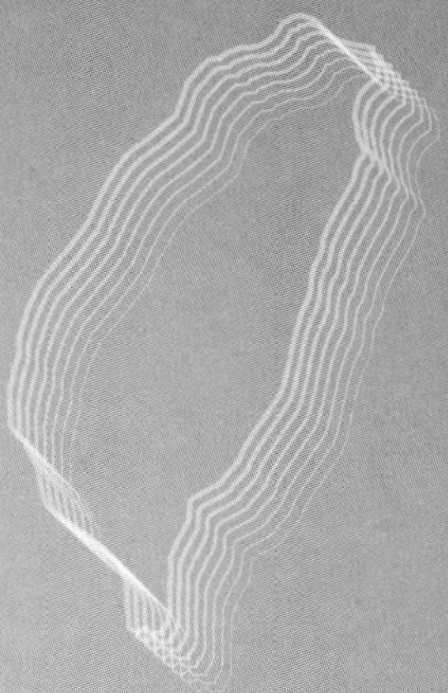

謝宇程、張芮瑜 著

柒、漁會穩健體質的經營秘訣

捌、更高的瞭望，爲引領下一段航程

十大魅力漁港
Top Ten Charming Fishing Harbors
頒獎典
BANK
憑票支付 第三屆 十大魅力漁港
新台幣 參拾萬元整
NT$ 300,000 元整
禁止轉讓背書
第三屆
十大魅力漁港
4

5

1. 2004 年，彰化區漁會獲農業專案放款評比「農金獎」第一名，陳諸讚總幹事(右)代表領獎。
2. 2007 年，彰化區漁會伸港信用分部落成，促進漁村經濟、帶動社區繁榮。
3. 2010 年，彰化區漁會榮獲第四屆「農金獎」，陳諸讚總幹事(右)代表領獎。
4. 2011 年，彰化王功漁港榮獲第三屆「十大魅力漁港」殊榮，陳諸讚總幹事（左）代表領獎。
5. 彰化王功漁港曾於 2011 年獲得第三屆「十大魅力漁港」殊榮，更在 2023 年漁業署辦理的「金鑑漁港」環境評鑑選拔中獲得「最佳人氣獎」。

金融創新
普惠共好
台灣金融研訓院
TAIWAN ACADEMY OF BANKING AND FINANCE

4

農金獎
指導單位:
協辦單位:
中華民國農會

5

1. 2019 年，全國漁會舉辦漁村技藝培育教育計畫漁村文化舞蹈才藝競賽，彰化區漁會榮獲「第一名」。
2. 2020 年，彰化區漁會舉辦螻蛄蝦資源保育研討會，分享保育成果。
3. 彰化區漁會重視漁村社區發展，為漁民興建草港多功能漁民活動中心，2021 年正式啓用。
4. 2022 年，彰化區漁會榮獲「農金獎」、「菁業獎」、「金安獎」三大殊榮共計 5 個獎項。總幹事陳諸讚 (右) 代表領獎。
5. 2022 年，彰化區漁會榮獲第十六屆農金獎「專案農貸績效 - 優等獎」及「農業信用保證績效 - 優等獎」。

信用部
彰化區漁會
CHANGHUA FISHERIES ASSOCIATION
美人魚萃
ENERGY SOUP
人人可領
共同對抗疫情 一起振興經濟
本會自7/23為您服務兌付三倍券
農地銀行服務中心
彰化區漁會

3

暨112年特色家政班
第三屆
十大綠色照顧
頒獎典禮

4

112年全國十大績優農業產銷班頒獎及表揚活動
農業部
產銷之光

5

1. 2022 年，彰化區漁會獲得金融聯合徵信中心第十六屆「金安獎」。
2. 2022 年，彰化區漁會舉辦環保艦隊聯繫及成果發表會。
3. 彰化區漁會信用部整體業績佳，2022 年獲行政院農業委員會第十六屆「農金獎」等三項大獎。
4. 2023 年，彰化區漁會綠色照顧站榮獲第三屆「全國十大綠色照顧站優良典範 - 綠色學習標竿獎」。
5. 2023 年，彰化區漁會水產養殖產銷班第 5 班榮獲「全國十大績優農業產銷班」。

1

2

4

5

1. 彰化區漁會輔導的水產養殖產銷班第 5 班，在班長楊宜樺 (前排右 1) 的帶領下，成員團結、表現優越。
2. 彰化區漁會自有品牌滴虱目魚精 2023 年榮獲「海宴水產精品」殊榮。
3. 彰化區漁會供銷部推出多款漁產禮盒，為彰化漁產加值，也為漁民提高收益。
4. 彰化區漁會協助漁民推廣烏魚子，多次在全國優質烏魚子競賽中獲獎。
5. 彰化區漁會家政班定期舉辦活動、進修學習，成員間感情融洽。

恭賀
楊宏頴先生榮獲
111年全國優秀漁民
誌慶

4

信用部
彰化區漁會
彰化區漁會捐贈消防局特種搜救隊器材一批儀式

5

1. 彰化區漁會開辦新住民班，漁村新住民婦女參與踴躍。
2. 彰化區漁會落實漁村技藝培育教育計畫，家政班成員學習漁產加工料理。
3. 陳諸讚總幹事任內，積極推動四健會與漁村青少年技藝傳承推廣教育。
4. 彰化區漁會輔導縣內多名漁民獲得優秀漁民、產銷履歷達人等獎項。親民的陳諸讚總幹事總是親自到漁民家中祝賀。
5. 彰化區漁會捐贈救護器材給予彰化縣消防局，將漁會盈餘回饋社會。

CECI
CIP
瑞助營造
金主營造
P彰化離岸風電運維中
統包工程
簽約典禮
3

4

彰濱離岸風電運維基
新建工程(第一期)
典禮
5

1. 彰化區漁會總幹事陳諸讚重視漁業永續，積極推動進行魚苗放流、落實海洋資源監測。
2. 彰化區漁會理事長林明壽(右)、總幹事陳威谷(中)帶頭進行魚苗放流，促進漁業資源永續。
3. 彰化區漁會總幹事陳諸讚出席CIP 彰濱離岸風電運維中心統包工程簽約典禮。
4. 陳諸讚總幹事(左 3)關注離岸風電發展，親自視察台電一期離岸風電開發進度。
5. 陳諸讚總幹事參與彰濱離岸風電運維基地興建工程典禮。

1

2

4

5

1. 陳諸讚總幹事與埔心信用分部同仁合影。
2. 陳諸讚總幹事與推廣部同仁合影。
3. 陳諸讚總幹事與放款部同仁合影。
4. 陳諸讚總幹事與鹿港辦事處同仁合影。
5. 陳諸讚總幹事與會務部同仁合影。

彰化區漁會

4

信用部
彰化區漁會
CHANGHUA FISHERIES ASSOCIATION
美人魚萃
ENERGY SOUP

5

1. 陳諸讚總幹事與財務部同仁合影。
2. 陳諸讚總幹事與供銷部同仁合影。
3. 陳諸讚總幹事與企劃稽核部同仁合影。
4. 陳諸讚總幹事與信用部同仁合影。
5. 彰化區漁會理監事團結一心，是帶領漁會不斷前進突破的重要原因。圖為第十二屆第一次理監事會合照。

【推薦序1】

CIP哥本哈根風能開發股份有限公司區域總裁　許乃文

認識總幹事到現在，算算也超過七年了。

一章接著一章的讀著這本回憶錄，我心裡很清楚地知道，要是七年前的我跟今天一樣熟知總幹事一生的追求、進擊與奉獻，恐怕我就不能親自負責跟總幹事一起進行漁業補償的商議了。因爲，一個迷妹的頭腦是能有多清醒啊？

回溯二〇一八年，CIP哥本哈根基礎建設基金在第二階段潛力場址階段獲配了兩座離岸風電場的開發權：彰芳西島風場以及與中鋼合資的中能風場，獲配籌設許可准予開發的眾多要件之一，是必須取得彰化區漁會的同意函。爲此，CIP跟漁會開展了漫長的漁業補償協議商談。

鏡頭一開始，畫面是對開發商毫無信任的嗆聲跟質疑，之後就是嗆聲跟質問無限重播。但是，在一次又一次的面訪中，應該是被總幹事看透了我們的眞心，所以彼此的討論漸漸開始聚焦在警戒船的規格、如何協助漁民轉型、如何趕緊讓彰化漁港跟運維港開港……。然後，我們竟然開始一起針砭時事，時而還可穿插一些彼此挖苦的玩笑。

「總幹事，您有沒有認識哪個女的每個月來見你都被你罵，然後還每個月一直來的？那個人就是我許乃文啦～」在漁業補償協議順利簽署許久之後的某一天，我去找總幹事喝茶，順便故意調侃他。

那天，其實我是去彰化漁會邀請總幹事參加我們在芳苑鄉捐贈共融遊樂場的動土典禮。身爲前鄉長，又是爲了他熱愛的土地，總幹事自然拍胸脯一口答應了。

在這本傳奇的自傳裡，總幹事一生爲芳苑鄉的奮鬥、爲地方的爭取，會像電影畫面一樣從您即將翻開的書頁中跳出來！您會看到他如何親力親爲、如何運籌帷幄、如何有攻有守、如何踏破鐵鞋、爲的都是爲鄉親們爲漁民們追求更好的收穫。

在這裡，我不會劇透只會講台語跟國語的總幹事，到底是如何一口氣收服好幾家歐洲政府主權出口信貸的專家，他不僅讓一群金髮碧眼的外國人讚聲連連，至今仍稱讚總幹事跟彰化區漁會，是他們稽核過無數國家裡最專業的漁會組織。當然，我也不會分享我跟總幹事針對「撥蝦殼」的長期研究，還有如何把一杯威士忌「越喝越滿」的默契。

最後，請容我邀請您一起翻開書頁，一起跳進總幹事一段又一段精彩熱血的進擊史裡。請相信我，無論您是士農工商，您一定都會在總幹事一生的追尋中，獲得您所需要的啓發與滿滿的感動！

二〇二五年一月十六日筆

【推薦序2】

中能離岸風場專案董事長 **黃伯器**

「做實事，講道理，有原則，顧大局」，這是代表中能風電赴彰化區漁會進行漁業補償協商，諸讚總幹事給我的一貫印象，也是本書所展現他的處世風格。

協商是漫長的，雖然持續緩步推進但過程總是拉鋸。一次次會議中，諸讚總幹事的據理力爭、漁會的團結有序，對於提出的各項補償方案總能堅守立場並務實商議，終於在主管官署以及中能股東的誠意下，協商獲得共識，創造照顧漁民權益與支持能源政策的雙贏。諸讚總幹事領導的彰化區漁會在理監事支持下展現充分的代表性，在後續的中能風場建置期間，確保海上施工作業不受干擾，讓風場能夠如期完成併網，提振了風場開發商以及融資方對於台灣離岸風電的信心。

我想箇中關鍵來自於諸讚總幹事，有著豐厚的在地經驗以及宏觀的格局視野，並且始終秉持著理性溝通的雅量與技巧，讓雙方終能藉由科學具體的計算、開誠布公的對話，一起成功譜寫出臺灣離岸風電發展史的新篇章，也共同開啓了能源暨產業轉型的劃時代新局。

諸讚總幹事出身漁家，親身經歷疾苦，通曉漁民的語言，擁抱服務熱忱，因緣際會歷練過地方官職及民意代表，深諳公部門的字裡行間。二十年前，面臨生涯規劃抉擇，鼓足勇氣擔起多少漁民及多少家庭的信賴與依託，成功帶領彰化區漁會挺過金融風暴，一躍而起。這股不畫地自限的熱忱，也將服務族群擴大到了農業及酪農業、或是返鄉創業的青農、青漁們，不單幫助了需求孔急的民眾一臂之力，更茁壯了彰化區漁會，成就多贏又健康的產業環境，創造吸引更多人才回流貢獻鄉里的正向循環，充分展現其個人的卓越領導變革能力，協調能力與執行力。

諸讚總幹事的遠見也從二〇一一年埔心魚市場被迫拆除，他化被動爲主動，擴大格局覓地改建，此外更全面鋪設屋頂太陽能板就可略窺端倪，不僅掌握商業脈動，也預見了綠能趨勢，持續帶領著彰化區漁會與時俱進，和現代科技接軌推動線上商城、社群平台、多元銷售管道，年輕化的漁會也代表著組織可長可久的未來。

和諸讚總幹事雖是同輩，但每次互動皆能從他身上領悟學習到些什麼。與彰化區漁會的協商經驗顯示，只要各方願意坐下對話，互相尊重，總能放下干戈，畢竟爭執的都是人；漁場同是風場，讓「生態永續共存，產業共榮共好」。諸讚總幹事以及彰化區漁會讓地方與中央，臺灣及外資看到這樣的願景與實踐，建立在如此堅實的合作基礎上，我們相信彰化沿海在豔陽照耀下粼粼閃耀的波光，會是白金、烏金、也是綠金。

二〇二四年十二月二十六日筆

總ㄟ，退休愉快！

壹、彰化區漁會——風浪中的漁民港灣

一、當漁民的港灣，誠摯贏得信賴

強風掃掠彰化大地，一陣接一陣。秋颱過境，天氣放晴，但風力仍強如颱風天。風力搖撼之下，滿城樹木奮力甩動枝幹，如同在怒濤中奮泳的魚群甩動身軀。

迎面抗著風，一對老夫婦牽著彼此的手，壓住帽子，勉力地向前邁步疾行。

「辦補助、買餌料、繳保費……」老婦人口裡念叨著待辦事項，心中想著颱風損壞的魚塭和家園。握住老伴的手，老夫婦併步走上臺階，自動玻璃門打開，他們踏進大廳。強風被擋在門外，室內親切而安

▲以親切服務接待顧客，是彰化區漁會給人的第一印象。

靜，好幾個熟識的員工向他們揮手微笑，他們焦躁的心也平靜下來：「情況會好的，我們來到彰化區漁會了。」

讓人感動的全方位服務

「阿伯阿姆，風颱天恁魚塭有沒有怎麼樣？」臨櫃人員倒上茶，親切地以閩南語問候。在得知災情後，旋即拿出申報單，協助老夫婦填寫。同時快速地撥了通電話，請線西辦事處專責人員找時間到現場勘災、確認災損。

老夫婦在線西一帶養殖虱目魚，前幾天颱風，魚塭灌入暴雨、混入汙泥，水質鹽度劇烈改變，大量魚群翻肚。二老對法令規範非常陌生、兒子也到臺北工作。好在漁會工作人員，總是熱忱地主動包辦申報補助的所有細節手續，款項總是快速直接進帳，讓老夫婦安心寬慰。

手機跳出訊息，是兒子的留言，讓老先生突然想起兒子的交代。「上次在草港分部，咱阿榮計畫建新魚塭，甘有貸款可以周轉？」信用部專員俐落地查詢後，答案讓老先生鬆口氣：「我們審完了，他的計畫非常可靠，我們很看好，可以提供最優惠的利息！」

客戶的貸款申請專案，彰化區漁會專員受理後，經專業審議，層層把關，程序嚴謹且極有效率。彰化區漁會信用部對農漁牧業有高度專業，總可以準確針對客戶計畫品質、貸款者可靠度，在最快時間內，以最合適的條件協助客戶融資。

就近且方便的金融服務，吸引在地居民在彰化區漁會開戶存款、借貸周轉。地方居民對漁會的信賴反映在財報上。二〇二三年全臺金融機構存款年增率3.11%，彰化區漁會信用部爲9.09%；全臺平均放款年增率5.9%，彰化區漁會爲11.66%。[1]

「存戶不在意銀行的高利息，願意把錢存進漁會，就是對我們服務品質最大的信任與肯定。」彰化區漁會存放款金額近二十年來連年成長，鄰近農漁會都來請教拜會，被問及其中秘訣，彰化區漁會一名資深幹部表示，關鍵在於熱忱與設身處地的服務。

透過金融業務，彰化區漁會爲漁民會員提供最有力的支持，但絕不只如此。

漁獲與漁村背後的推手

前幾天，趕在颱風來襲前夕，老夫婦緊急收成一批虱目魚，兩人接著張羅防颱措施，沒空將魚送到市場，幸好隔壁池產銷班班長出手相救。連夜開車將漁獲運到埔心魚市場，並由漁會接收。

「你們收那麼多魚，這幾天不易賣出去，會不會害你們虧錢？」老夫婦又感激又憂心地詢問。

「颱風也不是第一次來，我們早就準備好作法了。放心啦！」熟悉流程的漁會供銷部職員說明安撫。

在颱風天前夕，漁會料到會有虱目魚湧入市場，早已待命預備，將大部分多於市場需求的漁獲送進冷凍倉儲，待日後供貨短缺時再分批銷售；部分由漁會收購，送至加工廠，製成虱目魚丸和滴魚精。辛苦經年的漁民，心血得到保障。

從產到銷，彰化區漁會流程健全，全供應鏈協助漁民。各類別的漁業產銷班運作成熟，漁民彼此養成好默契、互助合作，每年漁會也定期爲漁民媒合講師授課，提升技能。從漁從農不再是單打獨鬥。

嶄新且設備齊全的埔心魚市場，由彰化區漁會擁有及經營，是全臺第三大消費地魚市場，年拍賣金額超過十一億。冷凍倉儲、水電空調、公共空間設備完善，運作成熟的電子拍賣系統，確保買賣雙方皆公平無訛，穩定的漁獲控管機制，使得漁民辛苦捕撈的心血不致低於行情被賤賣。

國產虱目魚肥美質優，在生產旺季時由漁會收購、加工、包裝製成彰化區漁會自有品牌禮盒《萃滴虱目魚精》，二〇二三年一舉榮獲海宴水產精品殊榮，揚名國內外。

彰化區漁會加工、精選代銷的漁產品全數通過嚴格的食品安全管控，琳瑯滿目的禮

▲彰化區漁會鹿港總部與各鄉鎮辦事處，同時也是彰化區漁會自有品牌產品門市部，漁產品琳琅滿目。

盒漁產陳列在漁會大樓門市部及各地辦事處。順應時代趨勢開闢的網路商城銷路極佳，線上與線下合力共創年營業額七千萬的佳績。

信用部與供銷部穩定獲利，讓彰化區漁會有充足盈餘撥款回饋社會、振興漁村：漁會推廣部配合農委會推動長照據點、補助宮廟慶典活動，開辦課程讓銀髮族一同用餐交流；成立志工隊，號召中生代投身公共服務志業、推廣漁業文化與環境保育；開辦國中小、高中職獎助學金，鼓勵學子接觸漁業；開辦漁業產銷班、田媽媽班，服務六百餘名在地事業經營者。

每年七月彰化區漁會參與主辦的「王功漁火節」，是中臺灣沿海地區最受歡迎的年度盛事，節慶兩日吸引觀光客高達三十八萬人次，來到彰化欣賞港邊美麗的夕陽、燈塔與絢麗煙火。讓彰化居民對家鄉更多了一份自豪與認同。

人才的寶地，拚業績也拚ESG

老婦人向漁會辦事處職員提及，住臺北的孫女大學剛畢業，主動提出希望進彰化區漁會工作。

「歡迎啊！漁會下一次的招考訊息出來，要記得請她報名喔！」彰化區漁會職員笑著回答：「歡迎來當同事！」完成所有待辦事項後，老夫妻放心地踏出漁會大樓，看向貼滿牆的獎項紅榜：

全國十大綠色照顧站綠色學習標竿獎

健保績優投保單位農漁會金獎

金質獎績優機構和績優人員獎

金安獎績優機構和績優人員獎

農金獎——專案農貸績效獎

農金獎——農業信用保證業務績效獎

▲彰化區漁會獲獎連連，鹿港總部門口滿是紅榜。

農金獎——數位金融推廣獎

海宴水產精品獎

全國十大績優農業產銷班

年度金鑑漁港獎特優漁港

台灣傑出金融業務菁業獎——最佳ESG獎

台灣傑出金融業務菁業獎最佳農業金融獎

兩位老人相視而笑：「是不是比上次看到的時候又更多了？再得獎，怎麼貼得下喲？」正所謂漁會拚出好成績，爲彰化縣爭光；縣長頻來祝賀，紅榜貼滿漁會門楣。

近兩年內，彰化區漁會積極提報金融、漁產品、健康促進等各領域獎項，陸續斬獲超過十項獎項。

在農業金融體系最高榮譽獎「農金獎」得獎名單上，彰化區漁會十餘年來更是年年皆榜上有名。漁會蒸蒸日上的亮眼表現，讓彰化區漁會員工光榮感與日俱增，也吸納各方專業人才。在地居民皆知道，要進彰化區漁會工作，可並不容易。

彰化區漁會一名資深幹部自豪表示，漁會一開缺，錄取率不到5%，許多在大型商業銀行任職的金融領域人才都願意考試應徵，排隊等候補。

一再突破的漁民組織

看到這一對漁民老夫婦帶著困難焦急前來，困擾被化解後滿足地離開，你或許會對彰化區漁會的運作實況感到驚訝。不只生鮮漁產品依循市場需求調整供應，漁業推廣活動與數位金融服務持續推動、漁會宣傳刊物也每季推陳出新。有活力、有競爭力的團隊帶動彰化區漁會的齒輪運轉、業績蒸蒸日上。

漁會整體業務優異成績、健康的生態與體質，會讓許多人詫異：「彰化區漁會這個漁民組織，怎麼跟想像中那麼不一樣？」若你這麼想，也許是因爲你不知道，二十餘年來，彰化區漁會經歷了多少的成長與革新，與二十餘年前一般漁會的狀況已不可同日而語。

彰化區漁會在三十年前曾經歷嚴峻的危機，如同多數漁會所經歷的掙扎困局……

二、烏雲掀惡浪，逆運帶來打擊

鹿港飛帆、王功漁火。一九六〇年代，著名的彰化八景中，興盛繁茂的漁港景致便佔二席，象徵著當時漁業的榮景。

近年隨港口泥沙淤積、漁業發展衰退，漁舟雲集盛況不再，鹿港飛帆已走入歷史、成了絕景。人們雖仍能在王功漁港賞燈塔與夕照，但海面點點漁火景況已不復見。漁港與漁村相依，隨漁業沒落，彰化漁村也曾一度黯淡如斜陽。

▲彰化沿海有廣闊的潮間帶海岸，漁船以吃水淺的舟筏為主。

漁業大環境由盛轉衰

第二次世界大戰後，民生糧食需求迫切，國民政府下達農漁業增產政策，建港造船、如火如荼。一九八〇年代，一千三百餘公里的海岸線上，遍佈二百三十九個漁港，總漁船筏數一度高達三萬七千二百七十一艘[2]，各漁港船席泊位難求。當時是臺灣漁業全盛時期，沿近海漁業年產量曾四十萬噸、年產值破百億。

不過，榮景僅持續十餘年。

一九九〇年代，資訊科技產業蓬勃發展，帶動臺灣經濟起飛，重工商抑農漁的發展方針，加上國際間海洋保育意識興起，國際漁業組織對於公海漁業規範愈趨嚴格……種種大環境變化，逐漸終結了捕撈漁業的全盛時期。

一九九五年起，政府開始實施漁產總量管制，全臺漁船筏數銳減，十年內減少近萬艘；全臺各縣市陸續有漁港因無漁船筏設籍遭合併或廢止，十年內，十個漁港消失。漁村缺乏就業機會，開始出現人口外移、人口老化現象。國立臺灣海洋大學應用經濟研究所蕭堯仁副教授如此分析：「漁村社區出現的最大問題，還是跟漁業資源衰減有關，尤其是以沿近海漁業為主的漁村問題會更加明顯。一旦漁業資源減少、漁船數驟降，漁村便會明顯衰弱。」

金融崩盤，漁會遭接管

漁業盛況不再，漁村日趨沒落，漁會經營也就益發困難。有些漁會深陷本身裙帶關係，常有超額貸款、抵押品不足的情況發生。景氣不好，借貸戶經營不善，就更無力還錢。一九九七年爆發亞洲金融風暴，政府財政緊縮，對漁會的補助款也減少。

多重打擊下，使許多漁會經濟狀況不斷惡化。過去豐沛的資金來源不再，超額貸款危機一觸即發。推倒第一塊骨牌，地方金融體系就有連帶觸發崩盤的風險。

時任臺灣省政府農林廳副廳長、漁業署前署長胡興華回憶，一九九七年，全國二十七家漁會信用部，只有十家存款在十億以上；亞洲金融風暴更導致農漁會信用部的逾放比大大提高。許多漁會信用部發生財務危機，甚至爆發擠兌風潮，漁村金融秩序岌岌可危。

二〇〇一年起，兩年內，全臺共計三十六家農漁會信用部遭到銀行接管，資金缺口由金融重建基金賠付，對農漁會進一步造成莫大的衝擊。如天下雜誌記者刁曼蓬在多年後的回顧：

> 「彰化四信金融風暴，點起地方金融擠兌的燎原之火，短短的兩個月內，全省已有十家農會經歷擠兌的噩夢；波及範圍與發生頻率，都是空前。平均每週都有一家農會發生擠兌，一位財政廳官員說。據金融主管當局統計，從四信風暴以後，地方金融存款已經銳減一千億，反映大眾對基層金融信心的動搖。」3
>
> 文自《天下》雜誌，刁曼蓬

儘管政府出手重整金融秩序，讓地方金融風暴暫告一段落。但接二連三的打擊，早已讓社會對農漁會的體質充滿疑慮。許多人至今聽到「農漁會」，都不自覺地聯想到「瀕臨破產」、「派系把控」、「存戶擠兌」、「斷然接管」等負面事件。

彰化區漁會，也在大環境風潮中一起浮沉。

彰化區漁會，暴風中艱困航行

二十世紀初，鹿港是臺灣漁業重鎮。一九〇一年成立的「鹿港漁業組合」，是日本政府將其國內制度移在臺施行後第一個民間自發成立的漁業組合，也是彰化區漁會前身。

在國民政府接收臺灣時，彰化縣內共計有鹿港、伸港、線西、福興、王功、芳苑、大城等七個區漁會。一九七六年，彰化縣政府依據漁會法修正案，將七漁會合併，成立彰化區漁會。港口易淤是彰化縣內漁港的宿命，也是彰化難以發展遠洋漁業的主因，但卻也因此造就出養殖漁業的完美腹地。軟泥灘地上立蚵架、海埔地上闢魚塭，陸域及沿海養殖成為彰化漁業發展的重要命脈。

經濟起飛之際，國人對水產品需求大幅度增加，也帶動養殖漁業蓬勃發展、水產養殖研究不斷突破，彰化沿海一帶鄉鎮如福興、線西、伸港積極拓展鹹水與淡水養殖，漁獲量快速成長。連帶彰化區漁會業務量也跟著水漲船高。

一九八三年，彰化區漁會信用部獲財政部核准正式營運，成為在地養殖業者購買土地、拓展魚塭的借貸首選。將養殖業者納為會員，厚植了彰化區漁會的金融實力，讓漁會有本錢得以進一步開拓存放款對象至酪農業與畜牧業。然而，看似如日中天的業績，其實隱藏陰影與危機。這段期間內，信用部人員誤判大環境，過於樂觀，或是受高層指示，接連受理品質不佳的貸款案……

就在此時，發生亞洲金融風暴，亮麗的帳面數字頓成泡沫，無力償還貸款的漁戶一個個浮現，從分部到總部人員都束手無策。

「金融風暴之下，房地產全都下跌，先前被當成借貸的擔保品，在價跌後給漁會拍賣都還不起，法拍房屋沒人買，變成一筆筆收不回的呆帳。」一名彰化區漁會資深幹部憶起，當年亞洲金融風暴席捲地方農漁會，鄰近的彰化二林鎮農會逾放比甚至一度高達 60%。雖然彰化區漁會情況並沒有惡劣至此，但至二〇〇二年底逾放比也曾達 12.94%，經營陷入明顯困境。

驟雨浪濤中，急待新掌舵人

彰化區漁會前總幹事張吉田，極力帶領彰化區漁會經歷風浪。在財務困頓期間，闢建魚市場、實施魚市場交易電子化、增設各鄉鎮信用分部、爭取中央補助，大動作投資只為設法提高漁會財源，設法讓漁會財務渡過險境。在最危險的那幾年間，張總幹事與彰化區漁會全員全力以赴，驚險地與財務危機擦身而過。但因積勞成疾，張吉田不幸於二〇〇四年逝世。

漁業衰頹、漁村不振，在地漁會客戶流失，彰化區漁會穩定軍心二十一年的掌舵人突離世，員工士氣低落，對未來感到茫然無措。地方開始有消息傳出，有不少派系人士正在謀算，覬覦接任彰化區漁會總幹事之位，以便日後動用彰化區漁會的資源與影響力。種種狀況，讓彰化區漁會理監事們極為憂心，一次又一次聚集商議：「該找誰擔任總幹事，才能帶領彰化區漁會走出困局，繼續守護彰化縣的漁民？」

1.中央銀行，二〇二四年、二〇二三年十二月金融情況，中央銀行新聞稿。
2.漁業署江慶源，二〇〇五年，再造漁港新生命-談漁港改造與成果，農政與農情。
3.刁曼蓬，二〇一二年，駝鳥心態孵出擠兌噩夢，天下雜誌一七四期。

貳、迎風破浪，漁村子弟守護家鄉

一、採蚵快手，顧鰻學子回鄉

漆黑的海岸，除了看不見的浪濤沖刷海岸，悄然無聲，一片寂靜。凌晨3點，整個彰化都在安睡。

沿著漁塘邊的道路，自遠處傳來摩托車聲，逐漸靠近。

在這個時間，岸邊道路黑暗得伸手不見五指，只能靠車燈探照道路，確保不跌落水溝或窪池。夜風寒冷，這位年輕人在數十公里的道路上往返騎行，隨時注意不尋常的動靜。塘裡的鰻魚，是他和村中同伴辛苦飼養大半年的成果，也是家中年底收入的重要來源，不能被偷。他知道，巡夜的責任，事關重大。

經過一間廟宇時，由於又冷、又睏、又倦，年輕人心想：「休息一下就好。」他坐在廟門旁的長椅上，雙眼稍閉，略爲休息。不一會兒，年輕人張大雙眼驚醒：「我得上路，不能再睡了！」他拍拍臉頰，抖擻精神，連忙從椅上跳起，騎上車，繼續巡邏。

當他騎近自家鰻池時，遠遠看到水塘邊四五個黑影攢動，明顯有人在偷撈鰻魚。

年輕人停下了車，評估自己人單力孤，如果貿然前往阻止，可能寡不敵衆、可能有生命危險。他遠遠地掉頭迴轉，要向熟識的鄰居求援，報警抓賊。然而，當年輕人找來村民、警察一群人趕到現場，竊賊早就不見蹤影，池中養了一年餘的鰻魚也少了大半。

看來，竊賊當時已聽到機車聲，也看到機車掉頭，眼見東窗事發，就收起工具與漁獲逃跑了。「最可惡的是，小偷還眞會偷，專挑已長成熟、準備捕撈賣錢的中型鰻！」彰化區漁會前總幹事陳諸讚回憶四十五年前，一九七九年前後的少年回憶，當時才不到二十歲，但如今想起，還會氣得牙癢。

四十餘年前，這位年輕人在徹夜巡水塘的過程中，親身經歷每一個彰化漁民的辛酸甘苦，感觸漁民的生活不易。當時，他還不知道，後來四十餘年的歲月，他的生活與事業將和彰化漁民密不可分地牽連在一起。

芳苑漁村的採蚵快手

一九六〇年至一九七〇年代，彰化沿海村落的家戶生計，幾乎皆與漁業脫離不了關係，不是養鰻就是養蚵。若是家中孩子多，一家之主還得離家遠赴高屏，踏上遠洋漁船，當賣命搏浪的討海人。

陳諸讚家中也不例外，過去世居大城鄉，二伯從基層船員幹起，當到遠洋漁船船長，小叔也在高雄碼頭從事船務相關工作。

大城鄉位於濁水溪出海口北岸，典型的「風頭水尾」之地，自然環境條件處於劣勢，加上沿海土壤鹽化嚴重，不利農耕。「土不好，什麼都種不出來，這樣日子過不下去。」陳諸讚記得，父親農忙終日後，疲憊地回到家，時有這樣的感嘆。隨家中子女陸續出生，陳諸讚的父親毅然帶上重要家當，舉家搬到芳苑漢寶落腳。

對孩子來說，搬到哪裡都一樣，全家生活在一起的地方就是家。年幼的陳諸讚，跟著三個兄姊在芳苑村中摸索長大。陳諸讚父母種稻、養蚵兼養鰻，雙手插稻秧也撈鰻撿蚵。整天不得閒，只爲把握所有能讓生活過得更好的機會，養家餬口。四個孩子順勢成爲小幫手，上學前先到田裡協助農活、剝兩斤蚵，再背起書包趕到學校。年紀大一些、力氣大的兄長，可以找到幫人駕駛耕耘機犁田的活兒。陳諸讚年紀小的時候，還沒辦法開農機，他除了採收自家蚵田，假日還會到隔壁家添幫手，乘牛車到潮間帶採蚵賺外快。

「早期插籠是讓蚵附著在竹子上生長，最下面長最快，所以要從下面開始採。以前我個子小，手套一戴，在蚵架底部一掰一扭，就可以把蚵整個採下。放在籠子裡，提上岸後，還要洗蚵殼。在所有小孩中，我採得最認眞，最乾淨。」兒時採蚵的經歷，已經深刻烙印在陳諸讚的腦海裡，成爲忘都忘不掉的直覺反應，回想當時的採蚵，比劃的姿勢極爲熟練。手腳俐落又勤快的陳諸讚，是蚵農長輩口中的採蚵快手，總是備受誇讚。四個孩子中，唯一能讀書的那一個。

鰻魚是日本人最愛的家常美味，每年常有十萬噸以上的需求。在一九六〇年代至一九七〇年代，日本卻因水汙染，海域鰻魚產量大跌，導致一陣「鰻魚荒」。不少彰化沿海漁民看準商機，投入養鰻產業，成爲當時很被看好的新興投資。

彰化沿海土壤飽含鹽分、不適合農作；但氣候溫暖，正好是怕冷的鰻魚得天獨厚的生長環境，地利人和的鰻魚商機看似是老天爺給的大禮物。熟悉漁業發展記者林欣婕，曾撰文記載臺灣鰻魚盛況：

「過去四十年，從鰻苗捕撈、養殖到加工出口，鰻魚產業養活了臺灣成千上萬個家庭的祖父孫三代人。一九九O年代是臺灣鰻魚養殖的高峰，年產量曾高達六萬噸，為臺灣帶來大筆外匯收入。」[1]

▲跟著家鄉長輩採蚵，是陳諸讚的兒時回憶之一。圖為彰化地區的蚵田。

回憶兒時，陳諸讚說，過去芳苑老家也有一塊鰻池，父母靠這水中「白金」將一家四個孩子拉拔長大。

高報酬的鰻魚盛世背後，隱藏鮮爲人知的風險。每當鰻池快要收成，總吸引不肖份子趁夜間偷盜牟利。爲了看守將要收成的鰻池，養鰻人需要寸步不離，甚至在颱風時冒著風雨連夜巡視魚池，就怕長久心血化爲泡影。

當時每口鰻池幾乎都有固定的日本買主收購統包，一次收成收益可觀。一旦鰻池遭竊，無法供貨給買家，除了當次損失慘重外，還影響長期信譽，下回還有沒有單就難說了！

每口鰻池都代表一家子生計。當時治安不佳、也不如現在各處監視器無死角。爲了嚴防竊鰻賊，附近養鰻同業組成夜間巡守隊。日夜顧守鰻池，養鰻人看得比什麼都重要。而身爲年紀最小的么子，兄姊國小畢業就出外打拚，陳諸讚留在家中幫父母農作、採蚵，撐持全家的溫飽開銷。那幾年，夜巡鰻池的重責大任，就落在陳諸讚肩頭上。

天災也是另一個防不勝防的不定時炸彈。一場颱風過境，暴風可能將看守寮屋頂整個掀走，豪雨可以造成鰻池水位暴漲，鰻魚全流到馬路上。彰化沿海地勢低，暴雨導致海水倒灌，沖垮鰻池，更是養鰻人的惡夢，一次損失就是上百萬。當時政府還沒有農漁天災補助，遇上災情，漁民只能自認倒楣、欲哭無淚。

儘管種田又養魚，陳諸讚說，家中經濟環境仍不佳，兄姊國小畢業後，就直接去屏東工作。四個孩子中，唯有他得以繼續升學讀書。

鰻池與鄉情，將北漂遊子拉回家

高職畢業時，石油探勘產業相當熱門，陳諸讚選擇聯合工專資源工程科，繼續升學就讀。工專畢業、服役期滿後，陳諸讚原本打算赴臺北發展，但不多久，他再度被拉回了芳苑老家。

兄姐們各自成家，父母年紀漸長，鰻魚池沒人顧，自然落到了陳諸讚身上。父親希望陳諸讚能幫忙顧鰻池，與村長聯手把陳諸讚「連哄帶騙」勸了回來。

當他逐漸習慣日復一日巡視、清潔、餵食的顧鰻池工作，陳諸讚同時也在暗自思考自己在彰化的職涯，如何發揮最大的價值。這個問題，可能是芳苑長輩們給了他回答。

在民風純樸的芳苑鄉，許多漁村老人家一輩子務農捕魚，沒念過多少書，也多半不識字，從不知該如何爭取自身權益，在報稅、處理行政手續時，往往非常茫然、苦惱，遇到天災農損也只能摸摸鼻子自認倒楣。

「這通知單寫啥，我看攏嘸！」

「公所催促報稅，阿是要怎麼報？」

當他們從小看到大的陳諸讚，大學畢業後回到村莊，長輩們紛紛拿著單子、資料找他幫忙。

這讓陳諸讚看了六捨，「原來我大學畢業後回到家鄉，眞的能做很多事，光是看懂字就能幫助到長輩。」他也暗自決定，要盡自己棉薄之力，爲家鄉帶來改變。

「你這樣有唸書的人，只顧鰻池太浪費啦！來，我幫你介紹去公所，整個村子都要你幫忙。」村長觀察到陳諸讚又有能力，又有熱忱，心中暗喜懸缺已久的村幹事人選有了著落。

原本只是想回鄉看看家鄉長輩和鰻池狀況，二十一歲的陳諸讚突然間被賦予一個全新任務—芳苑漢寶村代理村幹事。

二、村幹事到鄉代，政治的第一堂課

「少年仔，明天一早先幫我繳納田賦，我要趕著漲潮前出去採蚵！」

「上午過去阿財家之前，先來我這一趟啦！幫我看一下公所這張單是啥意思。」

一早天還沒亮，陳諸讚家門外就有人在morning call。

熱忱村幹事，服務獲好評

村幹事身為村中第一線基層人員，從報修路燈到每家每戶的田賦、房屋地價稅的發單催徵，樣樣都要會，事務繁雜細碎。且漢寶村面積大、戶數多，村幹事懸缺的那陣子，累積不少業務遲遲無法辦理。一聽到陳諸讚代理村幹事，村民紛紛鬆了一口氣，知道村子的業務終於可以順利運作。

從小做事勤快又熟悉家鄉長輩個性，陳諸讚四處奔波幫忙，不只周全完善，還辦的從容不迫。尤其三月報稅期間，整個村落每個人都要納稅金，陳諸讚一一核對各戶成員身分，獨創「稅單外送」服務，趁著跑公務時將稅單一一送到各家，待村民塡完再逐家逐戶收回、給收據。

遇到不識字又沒有晚輩在旁的老人家，陳諸讚也一口答應幫忙手寫申報，細心周到的服務，讓村民讚不絕口，漸漸習慣有村里事務就找陳諸讚。一年下來，村里延宕的所有事務都上了軌道。怎料，在任職村幹事大約一年之後，芳苑鄉長選舉結束後，陳諸讚卻突收到公所告知：「下周不用再來了。」雖然錯愕，陳諸讚也只能摸摸鼻子回家顧鰻池。眼看報稅季節又要到來，新任村幹事服務熱忱遠不及他，不忍見村民無助，陳諸讚自告奮勇繼續利用空閒時間，幫村民報稅、塡文件。直到後來，他才輾轉從旁人口中得知，因選前父親支持另一位鄉長候選人，新任鄉長有所顧忌，才剛就任先來個「人事整頓」。

顧鰻池的少年，哪懂什麼派系角力，更不懂爲何熱心服務鄉親卻突落得這個下場，心情從錯愕轉爲氣憤難平。

「六月要選鄉代，你去參選看看，進鄉代會就能監督這個鄉長。」熟識長輩的一句話，讓這個不服輸的漁村子弟有了新方向：「參選鄉代」似乎是個能服務鄉親的方法。

人生的第一場選戰

事後回想起，陳諸讚笑稱，多虧了代理村幹事的奔走與歷練，讓他認識了鄉內所有的長輩。「每一戶我都知道，每戶所有人的名字我都叫得出來，他們都全力支持我！」人生中第一場選戰，陳諸讚拿下漢寶村內鄉親八成支持，在全選區拿到遠超當選門檻的票數。

服務範圍從村到鄉，八年任期，陳諸讚也未辜負鄉親的託付。在派系主導的鄉代會議事中，陳諸讚像個用功勤勞的學者，細細研讀鄉公所所有計畫預算書、決算書，在每一次議事中提出建議，落實代表會的監督職責，監督公所將經費用在鄉親最需要的地方。

一九八〇年代，芳苑鄉養殖漁業蓬勃發展，漁戶數在全縣占比超過三成。陳諸讚發現養殖業者需要更多空間，在他的建議與督促下，促成芳苑開發海埔新生地並釋出給養殖業運用。芳苑鄉公所依序劃設出王功、永興、漢寶三養殖生產區，開啓海水養殖業的蓬勃發展。

陳諸讚也極關切農民的生計：「在當鄉代期間，我觀察到芳苑農路狹窄，造成農機通行不便、農產難運輸。芳苑農田間溝渠也有許多問題。地勢較高的地方往往乾旱缺水；每當下雨，低窪地區就會因排水不良發生大範圍淹水。農民間更常因農田水源灌溉分配不均而起紛爭。」

此外，四散的墓地、公共空間不足、公共設備老舊，這些陳諸讚都看在眼裡，深知基礎建設的欠缺，漸漸讓家鄉失去活力，阻擋發展潛能。雖然身爲鄉代的他極力督促公所爭取預算，但無奈的是，各鄉鎮的預算經費由地方政府依人口數為基準編列，人口數不多的芳苑總名列最後。有計畫、沒預算的窘境，讓社區發展一度停滯。

當年陳諸讚三十二歲，為家鄉開啓了第一個前瞻性的思考：「得爭取辦理農地重劃，芳苑鄉才有突破困境的可能。」

農地重劃，困難重重

「農地重劃？你在開玩笑嗎？」年輕鄉代提出農地重劃計畫，一開始，地方人士都當玩笑話看。

因為熟悉流程的人都知道，農地重劃是曠日費時又耗資甚鉅的大型計畫。將區域內不合經濟利用的農地加以重整、劃分整理成一定標準區塊，還需同時配合水利興修、農路配置，才能真正改善生產環境、增進農地價值。在臺灣鄉間，爭取農地重劃或許容易，但做到一半，受到阻力、沒有資源、失敗草草收場的案例也不可勝數。

當時芳苑鄉公所預算在彰化各鄉鎮中屬吊車尾、社區發展落後、人口又少，要推農地重劃，怎麼可能動得起來？光是要取得土地所有權人過半數同意就很困難，計畫要通過、取得經費更如天方夜譚！陳諸讚提出的規劃建議，不出意外地，被公所壓在公文堆最下方。

不過年輕的陳諸讚不放棄，他認爲家鄉迫切需要改變，於是積極蒐集民意、在代表會上提出建議。他所計畫的農地重劃範圍中，不只有排水溝渠、農路、產業道路，連公園、公墓、納骨塔、活動中心、停車場等社區發展項目都一一勾勒。

▲陳諸讚出身自彰化芳苑漁村，漁村與漁民成為他一輩子的牽掛。圖為彰化芳苑王功漁港地標芳苑燈塔。

連任兩屆鄉民代表後，當年三十三歲的陳諸讚希望能夠在公共服務上更進一步：

「我原本有意爭取鄉代會主席，但那年鄉長參選人的風評與人品都極差，鄉民怨聲載道。他當鄉長，芳苑的發展將無望。」

認爲芳苑的發展不能再拖，陳諸讚思考後，決定登記參選芳苑鄉長，爭取機會，提早爲家鄉實現農地重劃的願景。

三、改革從鄉到縣，選票承載著期待

「農地重劃牽涉到太多利益，很難協調，很容易失敗。」

「就算眞的辦了，也不是每個人都平均受益，往往吃力不討好，到時候下屆選不上怪不了人！」

「錢不夠的啦……政見提一提可以，實施嘛……隨時間過去就好了啦，沒人當一回事的吧。」親近的朋友長輩，有人澆冷水，有人好言相勸。

陳諸讚深知，修路、建水渠、闢公園、建公墓、納骨塔、停車場、活動中心，樣樣都要錢；土地所有權牽涉利益錯綜複雜，若有不公平，恐引發爭議；一旦經費卡關、無法完成，不只下屆選不上，還會留下罵名。儘管有這些考量，他當選鄉長之後仍堅持實踐對鄉民的諾言。

農地重劃不能等，優先事項立刻辦

以三十三票之差勝選鄉長的陳諸讚，在鄉代任內就把農地重劃的整體方向、各種細節構思於心，一上任就將推行農地重劃當成首要任務。

新鄉長力推政見落實，整個鄉公所也立刻上緊發條，全體動員，組織重劃委員會。芳苑鄉面積約九千六百三十公頃，在陳諸讚的構想下，超過五分之一的芳苑土地全列入農地重劃範圍。由於面積過大，重劃委員會將計畫拆分爲南北區兩階段，依序動工，每階段範圍接近一千公頃，向臺灣省政府提報爭取經費。

計畫中，原本土地界線不明、畸零不整、所有權複雜的土地，得以重新劃分成格局工整的農田。一般道路擴建爲十二米寬、農路拓寬至五米，泥濘的鄉間小道，也將鋪成平坦柏油路，農機得以順利往返，農產得以順利運出。排水溝渠也將得到強化，地勢高就缺水、低窪地區易洪澇的情況可以大幅改善。對所有鄉民來說，農地重劃會大幅提高耕作效益。

除了個別農戶的利益，陳諸讚看到芳苑鄉更整體的願景：「重劃後土地方正，地籍線界址明確，土地價值提高後，再重組零星土地出售，還能開拓鄉內財源，作爲公共設施基金。」改善農地結構之外，陳諸讚也沒漏掉社區景觀與公共空間的營造。農地重劃方案中，整頓鄉內散亂的墓地，並增加停車場、公園綠地等公共建設。

爲了爭取地主的同意票，讓農地重劃順利展開，陳諸讚帶著完善的計畫跑遍全鄉，一一向地主鄉親說明土地增值的可能性，比選舉拜票還勤快。

全國最大農地重劃案

「宋省長下周又要來芳苑視察農地重劃進度喔！」鄉公所幕僚放下電話，欣喜又緊張地向陳諸讚鄉長報告。

一九九〇年代，臺灣省政府推動機械化耕作、擴大農業經營規模等現代化農業政策，陳諸讚的農地重劃計畫切中中央發展方向，獲得省政府高度認可，並投入充沛經費大力支持。時任臺灣省政府省長宋楚瑜，多次走訪彰化芳苑，以行動展現對此農地重劃案的關心。

依據《農地重劃條例》，勘選出來的農地重劃區若為私有土地，須獲過半數地主同意才能執行。而芳苑鄉公所所提的農地重劃案搭配農村社區建設，獲得超過65%的地主同意。「得到在地群體如此高度的支持，也是省府高度肯定，全力支持的因素。」陳諸讚回憶時，對當年的辛苦感到非常欣慰。

南區農地重劃工作於一九九三年三月開始動工，計畫尚未完工，不到半年，北區農地重劃案也提早組織起重劃委員會，完成公告作業後旋即施工。兩年內，接近二千公頃農地陸續完成重劃工程，總面積打破紀錄，是全國最大的農地重劃案。

良好的規劃設計與工程施作下，芳苑土地大翻身。原本每公頃三、五百萬的農地，在重劃後漲到兩千多萬；零散土地也在陳諸讚提議下，由重劃委員會出售，額外的一筆經費，讓芳苑鄉街坊間的基礎建設更完善。

《芳苑鄉志》如此描述這次重劃帶來的改變：

「值得一提的是芳苑鄉公所，利用路上北區農地重劃的機會，將後寮村寮中巷以南打通到斗苑路，便利後寮村村民的進出。同時芳苑經路上往二林的上林路、路平路，也配合重劃拓寬為十二米道路。」

「兩個農地重劃區，面積甚大。重劃後，道路寬廣筆直，農田坵塊大小一致，排水、給水設施完整，整齊畫一，煥然一新。對農田的耕作、農產品的搬運，帶來很大的便利。」

文自《芳苑鄉志》歷史篇2

甫上任就推動兩階段成功的農地重劃，跌破眾人眼鏡，也讓陳諸讚得以在一九九四年連任鄉長。第二屆任期內，陳諸讚再度提出完善的計畫，積極爭取基層建設款，持續得到省政府高度支持。原本鄉公所每年的預算不到一億，但當年芳苑鄉的年度總預算高達五億之多，爲全縣之冠。

經過一波社區建設與農地重劃後，原本頹老的芳苑鄉重新煥發生機。但最爲鄉親津津樂道的還是鄉長陳諸讚的秉公無私。

「辦理農地重劃靠的是鄉長的意志，大部份的人辦理重劃時，都是預購土地，待土地重劃時，再藉機抬高地價，但在他擔任芳苑鄉長時，雖已知道哪區的土地將辦理重劃，卻連一塊地都不曾買過，因為他知道如果圖利自己，佔了這個便宜，那以後，辦理各項業務時，就無法說服委員同意，惟有本身沒什麼利益瓜葛，秉持公正，才能真正幫助到鄉民，在這樣的信念堅持下，當年芳苑鄉的農地重劃才能辦理得如此成功。」

文自國立聯合大學傑出校友專輯（一）3

由於兩屆鄉長政績極其亮眼，任期屆滿後，鄉親不允許陳諸讚賦閒重返平民生活。

行腳議員，全縣跑透透

一九九〇年代臺灣經濟起飛、產業發展快速，城市開發欣欣向榮的背後，農漁村卻是人口外流、產業凋零，這在彰化西南角鄉鎮尤爲明顯。芳苑、大城、竹塘、二林這四個以一級產業爲主的鄉鎮，面積占全縣四分之一，勞動力卻不成比例，日漸衰落。

「參選彰化縣議員吧。縣府在大城、竹塘、二林的治理，也都需要你督促。」鄉親們極力勸進。

陳諸讚並非出身政治世家，從沒想過自己會長期擔任政治人物。不過看見鄰近鄉鎮與芳苑鄉面臨相同的發展困境，八年鄉長歷練後，陳諸讚決定挺身參與第八選區（芳苑、大城、竹塘、二林）縣議員選舉。他期許：「西南四鄉鎮不該再被邊緣化，我要爭取以縣層級的資源與規劃，提升彰化邊陲四鄉鎮權益、改善生活品質。」做了決定後就堅決不放棄，儘管陳諸讚未獲政黨提名，仍決定脫黨參選。當時第八選區出現九名候選人爭奪六個名額的競爭局面，無政黨後援的芳苑子弟陳諸讚剛滿四十歲，靠著成功的農地重劃政策與鄉務施政好評，得票率 14.53%、名列第三勝選。在家鄉芳苑，陳諸讚拿下 23% 超高比例票數，更是脫穎而出的最大關鍵。

新科議員陳諸讚維持在地方勤跑、實地走訪視察的一貫風格：「一天之中扣掉睡覺時間有十六小時可以跑，當然能走盡量走！」他積極傾聽縣民陳情，發現鄉鎮發展困境，進而將問題與解決方法反映給縣府，並審慎監督縣府提出的計畫方案與最終執行成效。

當時彰化水產養殖技術尚未發展成熟，經常發生養殖白蝦突發病變、大量死亡的情況。不忍見漁民心血一再付諸東流，陳諸讚一方面籲請縣府聘請專家學者調查原因，並辦理水產養殖技術班教學；另一方面，同步媒合其他產值更高的魚種如文蛤、烏魚，供養殖業者嘗試飼養，成功開創陸域養殖新商機。

一九九〇年至二〇〇〇年代，臺中火力發電廠第一、二期工程陸續完工運轉，為臺灣帶來充足的電力供應，但也因靠海水冷卻，汙染源隨出水口排入海，影響彰濱沿海養殖業甚鉅。陳諸讚以嚴謹耿直議事風格提出問題、為漁村發聲，呼籲政府機關重新正視工業發展與環境汙染的重要性。

「我在彰化生活一輩子，哪裡出問題、哪裡缺乏建設，我一清二楚。」陳諸讚積極為地方爭取權益，第一屆議員任期內就監督政府完成芳苑後港溪、二林溪整治、四鄉鎮大排水溝整治等大型建設。二〇〇二年，陳諸讚再度參選議員，這一次得票率 19.46%，名列選區第一，穩穩當選。

漁會還是縣議員？選擇的交岔路口

「我監督別人做事，還是要自己來做事？比起間接監督，我好像更擅實際執行改革事務！」儘管在選區內第一高票連任，但每當面對鄉里的困難課題難以解決，陳諸讚仍常這樣捫心自問，期待自己在更合適的崗位發揮所長，爲家鄉帶來改變與貢獻。二〇〇四年，時任彰化區漁會總幹事張吉田因病往生，一通來自家鄉長輩的電話動搖了陳諸讚原已計畫好的人生方向。

「漁會總幹事懸缺，爲家鄉漁民服務，你有興趣嗎？」前芳苑鄉長、曾任縣議員的陳聰明主動勸進。陳聰明是陳諸讚的家族遠親，也是從政路上的大前輩，對陳諸讚一路提攜，他的建言，對陳諸讚來說別具意義。而當時失去掌舵人，讓彰化區漁會頓失方向。爲讓漁會運作快速上軌道，漁會理監們都積極探詢可能人選。但依據《漁會總幹事遴選辦法》，總幹事資格條件嚴苛，滿足條件的優秀人才實在難尋。

陳諸讚，這個沿海漁村子弟、當過八年芳苑鄉長，還有議員經歷、豐富人脈，成爲漁會理事們眼中最有希望的明燈。接到電話後，陳諸讚沒有立刻答應：「我當選議員，受到選民託付。現在轉任漁會總幹事，就無法完成議員任期。我希望聽聽選民的聲音，再考慮一下。」漁會理事們以一貫豁達的氣度，不時邀陳諸讚到漁會泡茶，與陳諸讚深談漁會現況與目前漁民困境，不催促也不逼迫，留給陳諸讚充分思考空間。

當時陳諸讚議員任期還有兩年，漁會總幹事與議員不能兼任。要爭取漁會總幹事職位必須放棄議員身分、向議會辭職，而漁會總幹事僅剩一年任期，一年後依法必須屆次改選。當然，他也可能失去支持，無法連任。站在這個職涯的岔路口，當年陳諸讚四十七歲。

四、險境與挑戰，以摯誠化解

這一天，彰化縣議會將議員的離職公文，正式函知縣政府，並報內政部備查。陳諸讚離開議會、確定參選彰化區漁會總幹事一事也跟著傳開。

「他終於做出決定了！」彰化區漁會理事們心情振奮，無數次輪番泡茶會談，總算有了令人雀躍的結果。

不過，確立了方向卻也正是未來一連串挑戰的開端……

漁業署審查攻防戰

「沒做過幹部，怎麼當總幹事帶領漁會？」「聽說他欠大筆負債，若來管漁會，我們的存款有保障嗎？」陳諸讚登記參選總幹事後，覬覦此職位的敵對派系紛紛發動耳語，甚至在媒體上放話，流言蜚語傳到了立委以及漁業署官員耳中。

彰化區漁會總幹事出缺，雖然登記參選者僅陳諸讚一人，但依規定，仍需提交基本資料，供漁業署進行資格審查。在評定品德操守及工作表現成績、面談後，經漁業署遴選小組准予登記，才會進入區漁會理事會進行聘任總幹事表決。

儘管陳諸讚提交的所有資料都過關，但口試日當天，立法院砲聲隆隆，漁業署遭立委猛烈質詢，杯葛陳諸讚的遴選案。

「陳議員，我們的面試先緩緩吧！擇期再辦。」謠言攻勢，令時任漁業署長胡興華左右為難。面對來自立法院的壓力，胡興華不得不將彰化區漁會總幹事遴選口試會議緊急喊卡。專家學者、縣府代表組成的遴選小組原本已經要召開審查會，無奈地在開會前一刻收到通知，會議延期。

沒料到自己的遴選風波延燒到漁業署，陳諸讚非常錯愕。但自從得知漁會困境後，身為漁民子弟，他已將服務家鄉漁村視為己任。做出決定後，便不再有放棄的念頭。

遴選小組為此特別加開會議、重新審視所有的流言與指控。在查明所有對陳諸讚的流言均屬不實後，進一步發布新聞稿闢謠：

「對於外界之疑義，有關財物積欠方面，彰化區漁會、中國農民銀行、金融聯合徵信中心等單位書面證明並無違反資格之情事。有關刑事部分，經彰化地方法院、彰化縣警察局等書面證明亦無違反資格之規定，審查結果准予登記後，送請漁業署辦理遴選。彰化區漁會總幹事遴選，縣政府及漁業署均依法辦理。」[4]

經漁業署遴選小組多次反覆審查，慎重地與立委說明釐清後，立委也理解了先前的誤會。先前延宕的審查會終於可以順利召開。經嚴格評選流程後，漁業署正式同意陳諸讚取得彰化區漁會總幹事候選人資格。

憶及此事，前漁業署署長胡興華也記憶猶新，他表示，其實自己當時非常看好陳諸讚獲聘為總幹事：「印象中陳諸讚是做事很實在的人，擔任總幹事之前有豐富的歷練，在對外溝通方面能力非常好，也很願意為漁民服務。我面試非常多總幹事，每個人都有不同優勢與條件，陳總幹事對彰化區漁會非常了解。」

「陳諸讚當過縣議員，了解地方、了解政府運作且很務實，這樣的方式經營漁會能夠順暢協調、務實做事，對漁民、漁會來說都是非常好的事。」

謠言平息而又起，存戶爆發擠兌潮

二〇〇四年六月十日，陳諸讚獲得理事會十五票的支持，獲聘為彰化區漁會第七屆總幹事，六月十六日正式就職。原以為一切已風平浪靜，沒想到上任沒幾天就出大事。

「主任，我們王功分部現在有十幾個存戶，一直在說要把帳戶裡的錢都轉走……」

一通王功分部主管打來回報的電話，把所有漁會員工都嚇壞了。新任總幹事陳諸讚上任一周後，彰化區漁會信用部王功分部突傳鉅額擠兌事件，原本分部存款二十億，在幾天之內，被提領超過三億。

聽聞此事，陳諸讚心知肚明。肯定是過去選舉對立派系人馬搞的鬼，造謠放話：「漁會要被陳諸讚搞垮，存進去的錢以後拿不到了。」雖然立委與漁業署已認知陳諸讚沒有問題，但謠言仍在基層流傳，煽動漁民擠兌，使他們急著將放在漁會裡的存款全額提領。

儘管陳諸讚已指示漁會主管第一時間穩住漁會士氣，漁會理事們也連忙分頭探詢原委、安撫漁民，但仍止不住漁會內部的竊竊私語：「那些客戶之前都好好的，現在大概是在不滿意這個新來總幹事啦！」

「漁民抵制漁會，我們工作是要怎麼做下去？」

甚至還有資深員工內心盤算：「時機歹歹，乾脆趁現在退休算了？」

溝通對話，緩解各方疑慮

事後回想起這段風波，陳諸讚最感謝當時爲他挺身而出的在地好朋友。「放心啦！有他在，漁會不會倒，倒了我賠你。」過去的政界前輩、有力的地方人士一一爲陳諸讚拍胸脯掛保證，讓漁民間原本躁動的情緒平息。存戶擠兌潮在一個月後落幕，原本被提

▲每次彰化區漁會會員代表大會陳諸讚（左一）都親自出席，在第一線傾聽漁民與員工的須求。

領的金額也逐漸補回來。

有地方上好友前輩、基層村里長、議會界的同輩支持，陳諸讚全力強化漁民的信任。

他常常一早直奔埔心魚市場，中午線西巡視，下午回鹿港辦公室，晚上又到大城與漁民鄉親聚餐。陳諸讚甫上任之際，甚至曾有一日破百公里的視察行程。「見面三分情，多談就能化解誤會。」陳諸讚勤跑各地、密集溝通，總算讓原本漁民間躁動的局勢緩和下來。

除了漁民與存款戶，另一群要安撫與建立信任的，就是漁會的幹部與員工們。

「其實上任第一年有很多人寫信檢舉、投訴我，我都知道。」陳諸讚公職歷練豐富，深知第一線員工在面對上位者的轉換，不確定新任領導者的風格與原則，難免會有不安感。因此他並不在意，完全以平常心看待。

陳諸讚藉各種會議、談話的機會，多次說明與保證：「人才，是這間漁會最寶貴的資產。所有漁會員工，我將一視同仁。肯拚、肯做事的人就是紅牌。」

陳諸讚全力確保人才的任用適才適所，並得到公平的鼓勵。員工表現傑出，他也從不吝獎勵；拓展業務，陳諸讚總是第一個帶頭衝。內部員工在長期相處下，漸漸了解陳諸讚的行事風格，彼此調整步伐後，建立信任，運作方才逐步回穩。

五、百年漁會邁向卓越

陳諸讚全力確保人才的任用適才適所，並得到公平的鼓勵。員工表現傑出，他也從不吝獎勵；拓展業務，陳諸讚總是第一個帶頭衝。內部員工在長期相處下，漸漸了解陳諸讚的行事風格，彼此調整步伐後，建立信任，運作方才逐步回穩。

清領時期，彰化鹿港為一深水良港，出海可直通臺灣海峽抵達中國福建。百年來商賈雲集、船運發達，港口優勢為彰化帶來繁盛基礎，在十八至十九世紀，人人都知道臺灣的三大港：「一府二鹿三艋舺」，顯示了鹿港航運地位。

彰化區漁會前身即為成立於一九〇一年的鹿港漁業組合，是全臺第一個漁會。日治時期，彰化沿海漁獲豐富、運作盛極一時，但在第二次世界大戰侵襲後，漁業被迫中止。戰後，漁船、漁港損毀嚴重，儘管政府極力復甦漁撈經濟，過往榮景仍難以重現。

一九七六年，彰化縣內共七間漁會因經營不善，遭政府依法予以合併，無奈經濟狀況仍每況愈下；一九九七年更因亞洲金融風暴導致財政困窘、被高逾放比拖累。

國立臺灣海洋大學應用經濟研究所蕭堯仁副教授分析，亞洲金融風暴造成市場動盪，使漁會經營問題一一浮現：「有些漁會深陷本身裙帶關係，常有超額貸款、抵押品不足的情況發生；景氣不好，借貸戶無力還錢，加上政府補助款減少，雙重打擊下，使許多漁會經濟狀況雪上加霜。」

時任彰化區漁會總幹事張吉田克盡己力帶領漁會，在金融風暴中穩住局勢，勉力前行。漁會體質已然積弱，如同一艘已航行超過一世紀的大船，持續前進，速度卻愈來愈緩慢。是因爲柴油不足、機械老舊還是根本在逆風前行？沒人找得出原因。

陳諸讚上任漁會總幹事後，期許自己能引領這間百年漁會重振榮景。但在那之前，他得先面對漁會體質與經營實況的諸多困局。

迫在眉睫的財務窘境

「總幹事，麻煩往後排一些，在社區代表後面。」地方人士的公祭場合，陳諸讚首次以漁會代表人身分出席，但禮儀社在致意順序上的安排，讓他大感訝異。

「我當芳苑鄉長時，參加公祭，常排在第一個。進入漁會當總幹事後，卻被排在社區、國小後面。大家把漁會當成一般民間社團。我看到農會代表仍然很前面，漁會卻在最後面。」陳諸讚回憶，身爲漁會總幹事，被輕視忽略，案例可不僅一次。

「歹勢，恁漁會吃飯，咱頭家說沒辦法讓你們月結！」外縣市農漁會一行人前來拜會，陳諸讚主動提議辦聚餐招待貴賓吃飯。但「餐費月結」這個「陳議員」與在地餐廳行之有年的默契，在他成為「陳總幹事」之後卻不再管用。

當政府補助款趕不上月初發薪日，漁會財務主管向陳諸讚總幹事報告，員工薪資有可能「暫時付不出來」，也讓他大為震驚。接二連三的突發狀況，敲響陳諸讚心中警鐘：漁會的財務狀況，比他原本理解還糟糕許多，連帶地使社會觀感相當低落。攤開帳冊，他果然發現當時漁會的逾放比接近13%，整個漁會存款不到五十億。因此，陳諸讚明確看到：「開拓漁會收入，是彰化區漁會第一個要努力的改革方向。漁會就是要賺錢，才能把以前呆帳打掉、縮減逾放比。」

但錢該怎麼賺？陳諸讚鼓勵信用部職員招攬業務，主動走進漁村，向有資金需求的漁民說明漁會也能提供貸款修船、買地、蓋房子。然而，職員踏出漁會推廣貸款業務時，常常遇到挫折。

「漁會哪有在給人借錢？你們詐騙啦，當我不知道嗎？」漁會信用部同仁常無功而返，碰一鼻子灰，士氣大傷。陳諸讚逐漸了解：「早期農村社會與農會接觸較為密集，對漁會不甚了解，甚至陌生，大多認為漁會只與漁民有關；且彰化區漁會在一九八三年才開闢信用部，多數鄉親並不熟悉，甚至完全不知道，導致開拓業務碰上瓶頸、困難重重。」陳諸讚只能自我打氣，一步步穩紮穩打，做出成績，有朝一日，一定能讓漁會員工享有光榮感，讓所有人了解漁會所扮演的角色，讓所有民眾了解彰化區漁會的價值。

二十年如一日的努力

一般上班族朝九晚五打卡，但陳諸讚總幹事比上班族更勤奮努力。二十年來每個工作日，陳諸讚的行程表可能是這樣的：

凌晨四點起床活動筋骨，七點開始跑行程。有時南下出席紅白帖場合，有時北上開會；若沒有對外行程，我在八點整一定會到辦公桌前批閱公文。白天外出視察、開會，晚上可能又有公務應酬。應酬結束後回家休息。

漁會內部日常運作由各部門主管監督，陳諸讚則充分運用自己的優勢—人脈，積極對外開拓。從農委會、漁業署、全國農漁會，到信用部門上級機關農業金融局、農業信用保證基金、金融聯合徵信中心，陳諸讚都常常見面拜會，溝通漁會經營課題，確保相關機構的合作融洽。在地方上，陳諸讚認眞經營合作夥伴關係。不論是需融資的企業建商、需存放款的機關團體，還是第一線負責民間借貸業務的代書，陳諸讚把握每一次地方活動、聚會、開工動土儀式，透過機會聯誼往來，逐步累積社會對漁會的熟悉與信賴。

勤跑行程的同時，陳諸讚也不忘時時激勵第一線員工士氣。在各地行程奔走空檔，陳諸讚會特別繞到各辦事處與信用分部，直接到場關心員工業務實況，傾聽基層人員的聲音。

處理日常業務，陳諸讚也同樣高標準，他回憶：「我當總幹事後，幾乎沒有放隔天的公文。公文放上我的辦公桌，一定當日完成批核，以免造成拖延。」

雖有各種壓力，陳諸讚總能調適化解，他將每次難關都當成上天賜下進步的機會，帶領漁會全員克服與超越：「日子一忙，時間就過得很快；感覺很有意義，就不會疲憊。」二十年如一日，彰化區漁會這艘航船，在陳諸讚總幹事的掌舵下成長壯大，還進化成一艘堅固的破冰船。

▲陳諸讚總幹事自上任起每日積極任事，帶領彰化區漁會邁向卓越。

傳統農業大縣的漁會奇蹟

「彰化縣是農業大縣，濁水溪、舊濁水溪、八堡圳、潮間帶、八卦山脈，孕育這片物產豐饒的大地與豐富生態。」

「彰化縣的稻米養活臺灣五分之一的人口，全臺的雞蛋、葡萄和花椰菜，兩顆中就有一顆來自彰化，彰化縣是臺灣糧倉，也是花卉的故鄉，更是畜牧大縣，厚植民生，樂利社會。」

文自《縱橫阡陌：彰化與臺灣農業發展》[5]

時序快轉二十年，在二〇二四年的今日，彰化區漁會的卓越成績被視爲漁會界的奇蹟。信用業務方面，彰化區漁會信用部存款由原本的四十七億成長爲二百〇三億，在彰化縣排名數一數二。逾放比率 0.2%、放款覆蓋率 2.7%、資本適足率 14%，諸多財務指標都優於農金法規範。因此，貸款業務範圍在二〇二二年起進一步獲准擴張至鄰近的臺中市與雲林縣西螺與麥寮。漁會供銷部門的漁產品銷售線上線下均表現亮眼，經典產品獲得好口碑，業績持續成長；陳諸讚總幹事任內闢建的埔心魚市場，土地價值成長，現代化魚市場的經營與棧板出租，爲漁會創造穩定的財源收入。

彰化區漁會業務執行力獲得認可，從上級機關爭取經費經常非常順利；獎項豐收，每年彰化縣政府為漁會評打考績都是高分過關。二〇二二年，在金融績效、漁民服務品質與漁產品上便獲逾十項獎項，更進一步推展永續、生態復育與環保，獲得ESG獎項認可，落實社會責任，紅榜貼滿漁會門面。

「彰化區漁會信用部二〇二二年榮獲『金融研訓院第十一屆菁業獎』與『行政院農業委員會第十六屆農金獎』、『財團法人金融聯合徵信中心金安獎』三大獎項，成績亮眼，為農漁民及漁會創造雙贏。」[6]

文自《台灣好報》，記者林明佑

因為經營蒸蒸日上，彰化區漁會近年吸引金融、銷售、管理等各領域人才，陳諸讚說，「現在漁會有職位開缺，要增補五名，來了上百人，錄取率不到5%。」

「一九九八年臺灣遭遇亞洲金融風暴，政府財政緊縮，讓臺灣漁會組織的發展進程，出現重大的轉捩點。」國立臺灣海洋大學應用經濟研究所蕭堯仁副教授表示：「在此風暴過後，漁會轉而追求收益，以確保永續經營；一面要扮演營利經商的生意人，但也要同時維繫漁業政策、漁民福利。」連年繳出滿分成績單，陳諸讚在每屆的總幹事遴選上，都獲十五名理事全數同意票聘任。到了退休這年（二〇二四年），他回首二十年前，自己曾期許有朝一日要提高漁會的體質與地位，時隔二十年，他認爲自己做到了！

二十年前彰化區漁會位處時代的轉捩點，陳諸讚的遠見，開創二十年後彰化區漁會的榮景。在商業銀行興盛、工商與服務業變遷快速的年代，農漁會曾被認爲重要性不再，甚至可能在時局變遷中被迫退場。彰化區漁會卻在考驗日益茁壯，逆勢綻放光彩。

漁會身爲人民團體，同時身兼實業經營、金融機構與社福單位的三重身分。在金融、供銷、漁民服務與漁民救助等多種職能上，陳諸讚是如何帶領彰化區漁會與時俱進、成功轉變？本書以下各章，將詳細說明、清晰梳理。

1. 林欣婕，二〇一七年，【幸福臺灣味，60好食材】鰻魚養活臺灣三代人，上天賜予的「年終獎金」，《天下》雜誌 六二五期。
2. 彰化縣芳苑鄉公所，一九九七年，歷史篇，芳苑鄉志。
3. 蘇士博，二〇一七年，堅持做對的事--陳諸讚校友，國立聯合大學傑出校友專輯（一）。
4. 漁業署，二〇〇四年，彰化區漁會總幹事遴選，縣政府及漁業署均依法辦理，漁業署新聞稿。
5. 楊明憲，二〇二三年，縱橫阡陌：彰化與臺灣農業發展。
6. 林明佑，二〇二二年，彰化區漁會榮獲菁業獎、農金獎及金安獎，台灣好報。

參、逆風突圍，以金融灌溉漁業與漁村

一、航程濤阻，漁會信用部的使命與危機

金融機構對社會的價值是什麼？到全世界開設分行、富可敵國的大銀行，就金融業在世界上的最佳面貌嗎？

二〇二三年，一部英國電影《Bank of Dave》（中譯：我的銀行不是夢）引發關注：劇情描述一名小商人試圖創立地方信用合作組織，專門爲當地小型事業提供貸款，並以金融存貸盈餘回饋在地，促成社會發展的正向循環機制。這部電影推出後，引發歐美評論界廣泛好評。

這部電影的出現，反映了一股全球思潮：二〇〇八年金融危機中，人們開始質疑：巨型跨國銀行單純爲股東利益運作的模式，是否是對社會最有益的金融體系？二〇一一年美國紐約爆發佔領華爾街等社會運動，正是此質疑的行動體現。

人們也開始思考，小型信用合作組織，有更高意願承接跨國商業銀行不熟悉、不願處理的貸款案，爲基層事業提供恰到好處的貸款幫助，並將利潤回饋在地，成爲另一種金融事業的可能性。由眞人眞事改編的電影《Bank of Dave》正是此構想的演繹與呈現。

視線回到臺灣，農漁會信用部在農漁村中所扮演的角色，百年來承擔相同的社會責任，似乎正與這部電影的關懷、現今知識界的反思不謀而合。

產業發展需求下，承擔金融重任

漁會創立以保障漁民權益、改善漁民生活爲其職能。在初期，漁會主要的功能與業務以推動與輔導漁民漁業技術爲主，而「金融」並不在其中。生前長年關注農漁業政策發展的前總統李登輝，二〇〇四年時曾於一場農漁會發展座談會中，分析農漁會任務：

「早期，農漁會主要是以農業技術推廣及家政輔導為主，對農業技術快速移轉至農民，提高產量，增加收益與改善農漁民生活有非常大的貢獻；隨著時代變遷，農會的功能與業務逐漸擴增；而納入金融信貸業務，更是極為關鍵的一步。」

如李前總統登輝先生曾評述：

「一九六〇年代，農復會協助創設農會信用部，統一農貸制度，開啟農漁會協助農民融通資金的重要里程碑，對農民經營資金的週轉有很大助益。」1

漁會信用部的發展比農會來得更晚一些，一九八二年，行政院訂定《漁會信用部業務管理辦法》，全國各區漁會信用部因此逐一誕生。

一般人民團體並不會被賦予金融業務職能，農漁會實屬例外。究其原因，係因農漁民的產業特性，資金取得相對不易。爲幫助農漁民得到切合需求的金融服務，政府授權農漁會本於社員互助合作爲目標，經營地方金融業務。歷經長期發展，漁會信用部已成爲深獲漁村地區仰賴的金融機構，其原因有二：

首先因爲其便利性。投身研究臺灣漁業體制超過五十年的前漁業署長胡興華，曾如此分析漁會信用部設置之地理區位：

「漁民要前往一般金融機構辦理業務時，交通相當不便。過去漁民若需繳公費常要跑至市區郵局處理，可能要花去大半天的時間，相形之下，在漁港附近設立服務據點的漁會，對漁民來說距離近又方便。」

「再者是漁會業務，除了金融還有服務事業，服務事業包括漁民保險、勞健保漁業資材供應等。在漁會信用部有帳戶，種種漁業事務都可以使用漁會帳戶辦理金額往來流通，非常方便。」

除了便捷度，漁會信用部更能基於對漁業的深入了解，爲漁民提供最符合需求與情境的貸款服務。

量身規劃貸款，基於理解產業

從事漁業，舉凡修船、買船、建魚塭……都需要仰賴貸款，但漁業漁獲收入取決於季節、氣候與市場景氣，甚至會受兩岸政治因素影響，有極高不確定性。一般商業銀行往往缺乏評估漁民貸款案的專業，因而放款意願低。

「以水中烏金（烏魚）爲例，烏魚子價格高、利潤佳，但養殖過程必須嚴格控制養殖池生產環境、水溫、水質等因子。改善技術、病害防治也必須不斷投入資金，而且須養殖三至四年才能收成。一般銀行並不熟悉此產業特性，會有放貸無法回收的顧慮，因此常不願借貸給漁民。」彰化區漁會一名高階幹部解釋。漁會熟悉捕撈、養殖等不同性質漁民的需求，也了解其產業的風險，自有一套漁民信用評級、分散風險和貸後查驗的方式。漁會信用部專業金融人員在妥善評估下，能爲有需求的漁民規劃較爲彈性的貸款方案，甚至加以輔導，幫助漁民事業更上一層樓。

「漁會信用部接受漁民以養殖池做爲抵押品貸款、還款周期延長至半年甚至一年。若當年漁獲量不如預期，甚至可以申請僅償還利息，給予漁民喘息空間。」該名彰化區漁會高階幹部表示。此外，熟悉漁業政策的國立臺灣海洋大學應用經濟研究所蕭堯仁副教授也解釋：「早年漁會漁民在金融機構、商業銀行貸款相對不便，因爲漁民抵押品多爲船舶，但銀行不擅長評估船舶價值，因而放款意願低，漁民便沒有辦法快速取得所需的資金。」

「相對地，漁會擅長評估漁民抵押品的價值，也更能評判養殖漁業經營計畫的可靠度，也就更有意願進行貸款。因此，當漁民需要貸款時，尋求漁會協助將最爲方便。漁會信用部在宣達漁業政策、辦理小額貸款，在支持漁家生計、漁業發展上等，都扮演重要角色。」

最後，漁會信用部透過貸款等項目服務漁民，也同時擴增自身財源，但營利並非如商業銀行流向股東，而是回饋在地漁村。《漁會法》第四十二條規範，漁會盈餘須提撥固定比例挹注公益與漁業改進推廣、訓練及文化、福利事業。取之於社會，用之於社會的正向循環機制，將漁會與當地漁村緊密連結。

內外夾攻的漁會金融危機

數十年來，漁會一直扮演促進漁村發展的推手，但二十年前，陳諸讚接任彰化區漁會總幹事時，正是全臺灣農漁會信用部門陷入運作困境、發展困難的時期。

當時農漁會信用部普遍存在貸款審核機制不夠嚴密的現象，管理層常因爲人情而施壓職員，放款給品質不良的貸款案件。二〇〇一年，多間農漁會信用部受到國際金融風暴影響，發生擠兌或遭接管，造成地方居民對農漁會信用部的不信任。再者，面對外部農會信用部與商業銀行的競爭，漁會信用部更因開辦的時間較晚，知名度不足；存款利率低、貸款利率高，而無競爭優勢。農漁會信用部員工也因欠缺明確業績目標，士氣與熱忱普遍不高。

同時，漁會信用部也因慣於處理較為熟悉的漁民存貸款，而畫地自限，跨產業貸款服務無法拓展與突破。二〇〇四年，陳諸讚接任彰化區漁會總幹事時，正值農漁會信用部普遍體質問題嚴重的時期；彰化區漁會的財務體質雖不遜於平均，但逾放比也遠高於理想值。陳諸讚過去的地方首長與民代資歷，讓他了解到，漁會金融與在地漁業發展乃至地方漁村都緊密扣連；一旦信用部的齒輪螺絲鬆脫，便可能拖垮在地產業。因此，他一上任便開始傾盡全力學習金融法規、財務報表，和信用部門運作方式。金融法規艱澀、金融專有名詞與規則複雜，但陳諸讚知道，身為稱職的主管並無捷徑，必定要掌握這門業務；因此他投入大量心力，積極向信用部門主任與同仁請教學習。

在了解全盤情況後，陳諸讚決定為彰化區漁會信用部對症下藥。到任滿三個月時，他就為漁會訂下「黃金十年」遠景：建立信任、優化服務、跨產業拓展，以提升盈餘、創業績高峰。

二、重塑核貸制度，重建信任橋梁

一九九七年亞洲金融風暴，連帶引發超過三十間臺灣農漁會信用部遭接管、地方金融體系崩盤，儘管時隔三十年，當時情景對許多人而言仍歷歷在目。

事過境遷，如今不少文獻與報導回頭分析造成此一現象的原因：人員專業度不足、缺乏嚴謹核貸制度，信用部人員又普遍遭受上級施壓。

《遠見》雜誌記者林美姿，曾分析此一農漁會常見的金融問題：

> 「信用部雖然從事存放款業務，但只是農漁會的一個部門，信用部的主管隸屬於總幹事，而農漁會總幹事向來不要求具備金融方面的專長。在此前提下，當貸款程序變成『上面說了算』，就容易出問題。」[2]

由會員代表大會選出的理監事，能夠決定總幹事的遴聘；因此，當農漁會理監事遇親友需要貸款，資格又不足時，往往會以明示或暗示要求總幹事通融。一旦碰上專業操守不足的上位者，便可能干涉放水，破壞規則，爲未來壞帳埋下禍端。

金融風暴，漫延全臺灣的信任危機

當然，並非全臺農漁會信用部都發生上述弊病，但亦非少數。當時新聞媒體的報導與輿論的抨擊，導致社會普遍對農漁會缺乏信任。時任臺灣省政府農林廳漁業局局長的漁業署前署長胡興華，也對此記憶猶新：

「當漁會本身資金不充足、信用部專業素質不夠、管理成效不彰時，漁會信用部放款、貸款就可能受人情壓力超額逾放，導致營運不佳，拖垮漁會的財務。」

當時多間農漁會信用部財務狀況日積月累地惡化，造成存戶有可能無法提領存款之虞，因而受到中央政府接管。甚至一度造成農漁民走上街頭陳情抗議。[3]

彰化區漁會總幹事陳諸讚回憶，「當時彰化縣內不少農會逾放比都超過 50%，彰化區漁會當時數字約是 12%，但距離健康的財務體質有明顯落差。」

二〇〇二年，彰化地區共五家農會信用部被接管，彰化區漁會雖未被接管，但信用部也積累上億呆帳無法收回。為盡快帶領彰化區漁會盡速脫離財務險境，轉虧為盈，陳諸讚總幹事給信用部工作的重點目標：穩健優先，以逾放款項催收為首要之務。

「因鄉鄰間容易探聽消息，我們請催收人員逐一過濾，針對經濟狀況已經好轉的貸款者進行催收。當時景氣轉好，我們精準的催收工作頗具成效！」陳諸讚回憶道。

二〇〇四年，彰化區漁會信用部轄下僅四個分部，連同總部共五處據點、五十名員工，總幹事陳諸讚帶領員工深入了解客群需求與狀況。彰化區漁會一年內催收追回的逾放款項超過二千八百萬元。

嚴控核貸品質，審議制度大改革

與此同時，陳諸讚也開始檢討造成逾放的根本原因。參考其他金融業界的管理模式、向信用部資深同仁請益後，他發現，既有的核貸流程中，資產查驗不夠嚴謹，容易造成主觀且狹隘的判斷，有時甚至一個徵授信人員便可決定一個案子。

「核貸應以金額為基準，分層負責；金額愈高，應有更嚴謹的評估機制、更完善的審核程序。」陳諸讚參酌商業銀行的風險控制模式，與團隊一同擬定了縝密的分級審議制度。任何信用分部若經辦四百萬以上的貸款案，經分部經辦人員、分部主任審核過後，需要將案件送交另一分部進行「交叉會徵」，由不同分部經辦人員出具意見。陳諸讚認為，納入不同分部的同仁對核貸案提出看法，各方溝通後互相理解形成共識，才能避免偏頗或判斷失誤。

若貸款案金額超過五百萬，需進一步送往彰化區漁會總部審理。這樣的案件會先送至由各分部主任組成的授信審議委員會審核，再依序經信用部主任、金融部秘書複審核決。若金額超過一千二百萬，則需送至總幹事手中把關。撥款後三個月內，各信用分部案件也需交由另一分部人員交叉複查，確保行政流程無疏漏。

彰化區漁會金融部秘書林嘉賓解釋：「彰化區漁會原有授信資產查驗機制，但陳諸讚總幹事上任後更加強化了授信品質各流程的控管，要求信用部同仁對擔保品、貸款人還款能力都要詳加分析，並落實辦理徵信，從根本杜絕逾放件數的生成。」

「擴大服務前，要先建立制度。」陳諸讚總幹事認為「審核程序雖然較為繁複，但一旦建立起完善制度，核貸公平性就會提升，反而會讓優質客戶對我們更有信心，更樂意在彰化區漁會存款、貸款。」

由下到上把關，上位者以身作則

樹人為百年大計，陳諸讚總幹事知道，在核貸程序漸趨嚴謹完備後，強化金融人力素質便是接下來的重要任務。

配合中央法規，總幹事陳諸讚聘任具有專業證照的人力，並廣納曾在商業銀行服務的金融人才。在職員工則受到鼓勵參與官方訓練課程；信用部主管更需達成每年十六小時的受訓時數。

公職生涯起於基層，陳諸讚總幹事非常了解，上級在貸放案施壓必然對基層士氣帶來打擊。因此他曾多次交代負責放貸款的員工：「找我求情，或是透過理監事來的案子，更要嚴格把關。如果有人提出不合理的要求，請告訴他們：若我明知這是不合適的貸款計畫，還放水給過，反而是害了客戶—倘若未來無力償還貸款，會影響一輩子的信用。」

陳諸讚總幹事重視以身作則，杜絕關說施壓情事，員工也以總幹事為榜樣。此風氣建立、名聲傳開，民眾對彰化區漁會的信任日益堅實，客戶也更放心將血汗錢存款在彰化區漁會。

負轉正奇蹟！二十年帶出農金獎常勝軍

儘管彰化區漁會放貸審核嚴謹，存放款金額、業績仍逐年成長，逾放比也持續低於1%的好成績。陳諸讚總幹事坦言，「要求每件授信品質都沒問題，真的很難，需要長期的堅持。」

彰化區漁會由過去全無金融背景的陳諸讚接手帶領後，成為常勝軍團隊，幾乎年年斬獲農業金融體系最高榮譽「農金獎」。

▲彰化區漁會榮獲 2023 年第十七屆農金獎「專案農貸績效 - 甲等獎」及「數位金融推廣 - 優等獎」，信用部秘書林嘉賓（右）代表領獎。

自二〇〇五年「農金獎」開辦至今，專案農貸績效獎、數位金融獎、經營卓越獎、農信保業務推廣獎等獎項都多次頒給彰化區漁會。金融相關獎項如金安獎、金質獎也都屢屢由彰化區漁會獲得；其優秀成績吸引不少鄰近農漁會總幹事探詢請益。

今日回憶，陳諸讚總幹事不僅成功打造彰化區漁會的黃金十年，甚至延續成爲黃金二十年：「二〇〇四年時，客戶存款四十七億，至二〇二三年已達二百零三億元。破兩百億元大關是一個重大里程碑，目前全臺農漁會僅有十四家有此亮眼的表現，而我們正是其一，也是全臺漁會唯一。二〇〇四年時，我們放款僅十九億，二〇二三年達一百四十七億，成長接近十倍。這是信用部同仁上下齊心的結果，我至感欣慰。」

在經營成效之外，陳諸讚更看重的是與在地建立連結與信任：「漁會存款利率比許多行庫低，但卻創造存款超過兩百億的成績，這都是因爲他們信賴漁會。」

曾於全國漁會服務的國立臺灣海洋大學應用經濟研究所蕭堯仁副教授的評論，似是彰化區漁會的寫照：

「漁會用更好的服務、更便捷的流程，更友善的在地連結，讓金融事業表現突出；即使利息較低大家也願意存，利率比銀行還高也願意借。」

信用合作組織欲與在地建立連結和信任，並非全盤接受或配合客戶的貸款需求。彰化區漁會信用部透過加強自身的貸款審核機制，一步步改善貸款品質，進而帶動存款，這可謂是農漁會建立社會信任的最佳明證。

船隻出海，先求不翻覆、不擱淺、不觸礁，才能籌劃揚帆航行。二十年間，彰化區漁會以嚴謹的制度，重新搭建起社會與漁會的信任橋梁，接下來，便開始朝擴大業務項目與範圍邁進。

三、擦亮漁會招牌，提升金融競爭力

彰化為農業大縣，農會信用部自一九六〇年起就在彰化各鄉鎮插旗立足生根。但彰化區漁會於一九八三年開拓信用部業務，開啓地方金融服務。相較之下，一般民衆對農會的信用服務更為熟悉。

陳諸讚上任初，彰化區漁會存貸業績並不理想。他走進各鄉鎮和彰化鄉親推薦漁會的金融業務，然而，居民的反應也直接呈現出對漁會經營業務仍然陌生：

「漁會不是賣魚的嗎？怎麼可能有在辦貸款？」

「漁會是漁民的團體，跟我們種田的有什麼關係？」

「借錢跟農會借就好，為什麼還要去漁會？」

陳諸讚聽聞後，暗自在心中作了決定：下一步，漁會的重要性與存在價值皆需提升。他相信局面可以被改變，不斷鼓勵員工：「我們要抓住地方金融服務特色，貼近在地農漁民需求，必定可以改變局面。」

感動的服務，抓住農漁民的心

「存款利率沒辦法比商業銀行高，那服務就要做得比人家好！」過去擔任村幹事、鄉代與議員的經歷，使得陳諸讚打從心底明白，在地金融機構經營重點在於優質服務、建立與客戶的深度連結，他鼓勵同仁延伸發想：什麼是讓客人「感動的服務」？

信用部的授信人員與櫃台窗口是最直接與民接觸、也是最能讓客戶感受到服務溫度的單位。陳諸讚總幹事與部門人員一同集思廣益，將感動的服務延伸爲「個性化關懷」、「建立情感連結」、「服務與回饋」等具體方向。

「漁會常和客戶互動深入，因此了

▲彰化區漁會信用部臨櫃人員為與民接觸的第一線，多年來為在地居民提供有溫度的金融服務。

解每位顧客的需求和偏好，能夠在提供貸款規劃時，針對個別顧客進行訂製化的建議，讓顧客感受到被重視和尊重。」一名漁會職員分享，當自己多花些時間為客戶構思更為貼近需求的信貸方案，往往都能獲得客戶肯定的回饋。

陳諸讚總幹事也發現，當偏鄉客戶欲向漁會申請大額信貸時，常會有隱私上的顧慮、擔心被熟識的鄰居朋友看到。因此他在漁會大樓旁，運用獨立空間規劃為放款中心，出入相當隱蔽，讓客戶更安心前來貸款，減低心理門檻。

「我常鼓勵信用分部主任積極與客戶熟稔、聯繫接觸：把顧客當成我們的家人、朋友一般，不僅關心業務機會，更關心顧客的生活和家庭。」陳諸讚表示，與顧客建立情感連結，是在親切的問候和熱情的服務之外，更能讓顧客感受到溫暖熟悉的方式。

客戶或會員家中遭逢急難事故或紅白帖場合，陳諸讚總幹事帶頭主動關心，並聯繫分部關懷慰問；若符合救助或補償的條件，則進一步協助申請。

舉凡宮廟祭儀、在地協會活動、漁業產銷班講座會議，陳諸讚總幹事也帶頭出席並致詞。他鼓勵分部基層人員和地方上各社區、機關、團體交流，並常帶領漁會員工在宮廟活動中擔任志工，與宮廟拉近關係：「有接觸才有感情、向心力，才能建立連結；彼此信任的情況下，漁會當然成為宮廟存款的首選。」

做好服務之餘，彰化區漁會也強化了回饋溝通機制，透過客服專線、官方網站、官方 Line 及 Facebook 等多元管道，積極收集顧客的意見，並針對客戶建議改善，讓每位客戶都能感覺備受重視。

這些改善做法起初曾令信用部人員不太習慣，但隨著觀念逐步建立，信用部同仁開始主動爲不識字年長者謄寫文件表單、爲更順利與客戶溝通而主動練臺語；有信用分部同仁主動放棄休假，協助宮廟辦理活動；信用分部主任更是願意利用周末假日將急件親送到客戶家中。

一個實際案例非常有代表性——曾有一名老漁民大半輩子都將錢存在漁會，某天他兒子回鄉探親，一問之下得知漁會利率較低，立刻要求爸爸將錢轉到利率更高的銀行存款生利息。不過一家人在辦手續的過程中，逐漸發現漁會具備一般銀行沒有的貼心服務，於是決定再度將存款轉回漁會。

種種情景都讓陳諸讚感到欣慰：「我們利用感動的服務，抓住了漁會存在的目的與價值！」

多元開拓，拚出業績質與量

在帶領信用部同仁優化服務後，還能如何開拓客群？陳諸讚進一步思考更多可能性。

「要激發同仁的能力，達到業績成長，需要明確目標與誘因。」陳諸讚與高階幹部討論後認為，務實的誘因、最實質的獎勵，就是獎金。於是，漁會經營團隊以「職級愈高，責任愈大」的原則，訂定每薪點三萬的業績責任額，鼓勵每位職員積極參與招攬存放款客戶。此舉讓所有職員形成緊密的團隊，都參與對業績的貢獻，成功帶動士氣、提升向心力。

陳諸讚也反思自身過去經驗發現：家中長輩在有借貸需求時，往往最先想到代書而非直接尋求金融體系，且會依據代書的建議行事。顯示代書在農漁村裡，是財務規劃的意見領袖。

在陳諸讚的帶領下，信用部同仁積極拜會當地代書、定期聯誼，並與代書說明漁會放貸政策與作法，雙方建立良好關係。陳諸讚總幹事指出：「讓代書明白漁會可以提供的服務、額度、時限與利率，以及針對優質客戶調降利率的方案。我們找出積極配合代書的方式，各鄉鎮的代書便能成為我們最有力的代言人。」

此外，彰化區漁會也積極配合農金署政策，推動「農業版青年安居購屋優惠貸款」，為年輕人提供最低 1.775% 利率、貸款年限最長四十年的優惠貸款方案，減輕青農購屋負擔；透過辦貸款帶動存款，讓彰化區漁會跳脫以中高齡為主的客群範圍，讓更多年輕人走進漁會。

情感連結深，漁會如厝邊

在與客戶互動過程中，彰化區漁會同仁發現在地商家不擅長使用線上支付工具，在數位轉型浪潮中將流失競爭力。於是，各信用分部員工主動協助鄰近商家導入新興數位金融服務。在提升商家經營能力的同時，也強化彼此的信任與連結。

近年來金融詐騙層出不窮，彰化區漁會信用部與在地居民因熟識與情感的連結，意外讓彰化區漁會成爲攔阻詐騙案件的功臣。農業部農業金融署表揚與嘉許：

> 「截至二〇二三年第一季計有四十三家農漁會信用部，經由通報成功累計攔阻詐騙四十八件，攔阻金額計新臺幣四千三百零七萬元，較去年同期成長八成；攔阻總金額達百萬元以上者包含彰化區漁會共十一家農漁會。
>
> 農金局表示，上開成功攔阻案例，係因農漁會信用部員工平日訓練有素，主動進行關懷提問，避免民眾受害。」[4]

感動的服務、情感的連結與明確的業績目標，是彰化區漁會提升競爭力與品牌知名度的三項方法。二十年來的不懈努力，不只爲漁會做出好口碑，也吸引了更多的潛在客戶。總幹事陳諸讚表示，「年度目標額為我們帶動士氣。最令我開心的是，即使業績目標年年上修，我們不但每年都達成，而且往往年中就能達到目標，遠早於年終驗收的期限！」

漁業政策學者蕭堯仁對彰化區漁會的案例也提出讚許：

彰化區漁會信用部就是很好的例子，我們得以看出漁民為何願意把錢存在漁會。背後原因可能是他提供了更優質的服務給漁民，抓住漁會會員的心，讓他走不了、黏著度高。

彰化區漁會成功在客戶間建立信心，帶動存款，讓彰化區漁會得以用貸款服務更多農漁民，甚至進而擴及商業銀行不願放貸、漁會原本不熟悉的各種產業。

四、貸放輔導並重，成農漁牧業新創孵化器

彰化縣福興鄉被譽為臺灣「乳牛的故鄉」，自一九七三年起發展酪農業，如今乳牛養殖居全臺之冠。酪農業也已成為福興鄉重要經濟支柱。很難想像，不到二十年前，曾有酪農戶遍尋不著貸款方法的窘境。

糧食與蔬果產業屬農業與農會，水產養殖與捕撈屬漁業與漁會，那麼飼養雞、羊、鴨與牛的畜牧業和酪農業該歸農會還是漁會呢？有時並不這麼明確。

陳諸讚總幹事上任之時，多家地區農會碰上逾放危機，信用部遭銀行接管。此時正值彰化酪農業快速發展之際，有業者欲向農會申請創業貸款，農會因自顧不暇，只好婉拒。陳諸讚印象深刻，當時曾有彰化地區農會信用部門轉介客戶至彰化區漁會求助：「養雞、養羊的貸款案件都請你們處理好嗎？」

看到新客戶上門，卻讓他既開心又煩惱。

為農漁創業者擔起資金重任

自一九七三年起，政府為促進農業發展、提升農漁民福祉，設置「政策性農業專案

貸款」，是一為畜禽業者、農漁業者提供的貸款方案。委由地區農漁會辦理的專案農貸，具有比一般信貸更優惠的利率、更寬鬆的審核標準，是農漁民的福利之一。

彰化區漁會各分部傍海設立，過去數十年來，彰化區漁會服務對象以漁民群體為主，專注為漁民辦理貸款。漁民的貸款案件，也以購買與維修漁船、建造與經營魚塭為主。上述類型以外的貸款，漁會較少接觸、鮮少受理。

二十年前，若有青年農漁民欲進行新型態創業，找彰化區漁會申請貸款，信用部同仁若感到不熟悉、難以評估，很可能對於案件採取消極態度。

酪農業者欲購地投資，彰化區漁會過去缺乏評估方法，因而不敢貿然放貸。彰化縣內陸地區居民欲貸款，往往因與漁會距離過遠、交通不便，而缺乏接觸的機會。然而，二〇〇一年，彰化縣內五間地區農會信用部遭政府命令由銀行接管。專案農貸的貸款對象、用途、額度與抵押品都需專業且熟悉農漁領域的授信人員審核。農會信用部被銀行接管，讓需要政策性農業專案貸款的農漁民頓失方向。

「漁會是公益財團法人，應以服務人民為宗旨，不應受產業與地域限制。是時候該服務更廣的客群了！」陳諸讚表示，看見這些困境，他認為正是業務拓展的機會。二〇〇四年就任彰化區漁會總幹事的陳諸讚如此決定，要帶領彰化區漁會信用部打破藩籬，對既有的貸款框架做出重大突破。

慧眼放款，精品地瓜飄香全臺

專案農貸與一般貸款一樣，需要由農漁會信用部，透過聯徵調閱申貸人信用記錄、審視申貸人貸款計畫書，評估其過往信用、經營方案、技術可行性、投資規模適當性及產業前景等面向，決定是否通過申請。

金融機構能夠精準評判申貸人具備事業發展潛力，將能成爲申貸創業者的最大後援，培植在地產業。反之，若判斷力不準，則可能錯失支持優秀創業者的機會，或是讓申貸人陷入債務危機，還會添一筆逾放呆帳。這段審核判斷的過程，總幹事陳諸讚坦言並不容易。在他的領導下，信用部員工都曾在針對貸放審核標準上，下功夫仔細研究、向專家學者請益。

經過多年的琢磨，彰化區漁會已累積不少「慧眼識英雄」的案例。陳諸讚印象最深刻的就是一名年輕地瓜農。

「當時，申貸人已培育優良的地瓜品種，希望透過與彰化沿海鄉鎮農民契作的方式，提升優質地瓜產量，並創立品牌，進入各大通路。當時他提出的資金需求高達一億多。」陳諸讚回憶，這名來自彰化福興的年輕人，提出的貸款金額並不低；是否適合貸款，信用部討論再三，仍舉棋不定。

在與信用部同仁一同仔細審視計畫書、多方探詢意見後，陳諸讚認為，地瓜農提出的契作模式創新且符合時代趨勢，生產行銷供應鏈也堪稱完備，獨缺資金支持與輔導。他決定以貸款配合輔導，助這名有潛力的年輕人一臂之力。

由於貸款金額龐大，彰化區漁會為其申請與農業金庫聯貸，在分散風險的同時，讓年輕人獲得充裕的資金，用以投資設備與土地。漁會也特別爭取到優惠的利率與寬鬆的還款條件，讓年輕人有嘗試與發展的空間。

數年後，這位年輕的地瓜農成功了。香甜、鬆軟的地瓜在彰化福興土地上大豐收。自種自銷的產業鏈讓消費者安心，契作模式造福農民生計。品質有保障的地瓜品牌，正是進軍各大超商與超市的「慶全地瓜」。

為成功找方案，酪農業脫困茁壯

同在彰化縣福興鄉的不少酪農業者也是受惠案例。福興鄉西部濱海地區因土壤貧瘠，農耕不易，一九七〇年代起，政府在此地區推展酪農業，打造福寶酪農專業區，逐漸吸引學有專精青年人才回鄉創業。

十餘年前，一青年辭去公務員職務，回福興鄉創業飼養乳牛。當他向商業銀行貸款，銀行認爲鄉間土地價值不足無法作爲擔保品；向農會貸款時，農會也因不熟悉酪農業產業屬性，而不願放貸。最後，貸款申請書遞進了彰化區漁會。

在仔細審視內容後彰漁信用部發現，申貸人曾獲農委會推薦、進口的乳牛也都有保險，屬信用評級佳的優質客戶。儘管貸款額度大且超過貸放額度，彰化區漁會仍積極爲這位創業者尋找聯貸機會，成功爲申貸人貸得充裕資金。經過多年努力與嘗試，如今其事業成功，賺進千萬，持續與彰化區漁會保持緊密的業務合作關係。

農業以外，蛋雞業、禽畜業、酪農業等產業紛至沓來，不論領域，只要有潛力且符合專案農貸申請資格，陳諸讚都鼓勵信用部同仁積極研究與了解，邀集專家請益商討，做出精準的判斷與輔導。

對於符合貸款條件的案件，小額貸款案由漁會自主辦理，大額度的貸款案由漁會尋找其他單位聯貸。彰化區漁會根據申貸人產業特性和生產計劃，爲客戶規劃最合理的還款條件。此外，熱心的同仁常主動爲客戶辦理保險與申請政府補助，甚至在客戶遇到經營困難時協助尋求學者專家的顧問輔導。

過去二十年，彰化區漁會打破產業限制，爲每一位申貸客戶做出全盤規劃與考量，給予貸款協助，也透過保險與政府補助輔導客戶風險分散，彰化區漁會無形中已成爲當地農漁業的新創孵化器。

看見偏鄉需求，突破金融服務框架

金融產業對於地區產業發展可謂不可或缺，但二十年前，彰化不少偏鄉地區連一間銀行都難找。

漁民作息並不如上班族朝九晚五，村落內缺乏金融機構，讓漁民存放款、支票匯兌等金融服務取得相當不便。

「一般商業銀行的據點往往會首先以商圈發展性能否獲利為考量，而選擇人口密度較高的地區設點。」陳諸讚總幹事解釋，如彰化縣福興鄉沿海一帶畜牧業興盛、芳苑王功蛋雞戶多、伸港鄉養殖業者眾，卻因不符合商業銀行的客戶屬性，少有商業銀行願意進駐。

陳諸讚總幹事上任後，積極赴各沿海鄉鎮與在地居民、漁會會員交流，發現了福興沿海與伸港欠缺金融服務的困境，他認為，「銀行是營利組織，但漁會以公益和服務為主旨，我們應跨出地域限制、與銀行做出區別，滿足客戶的需求，也造福在地鄉親。」

陳諸讚發現在地產業的可能性，二十年來致力於提高在地金融機構的可及性。

二〇〇七年，彰化區漁會增設福興信用分部與伸港信用分部，經營據點擴展遍布彰化縣沿海六鄉鎮。二〇一一年，彰化區漁會埔心魚市場遷建落成，為就近服務魚市場承銷人，

▲彰化區漁會於 2007 年增設福興分部，擴大服務農漁民。圖為該分部落成典禮。

二〇一三年增設埔心信用分部，營運後業績有目共睹地快速成長。座落在彰化縣埔心鄉員鹿路旁的彰化區漁會埔心信用分部，是彰化漁會七個信用分部中，地理位置唯一在「內陸」的信用分部，二〇一一年二月營運至今，業績蒸蒸日上，快速擠上七個信用分部業績前半段排名，關鍵在於地緣之便，與埔心魚市場僅幾步路的距離，每日現金交易量驚人。[5]

彰化區漁會目前共七間信用分部，服務超過萬名會員，配合時代需求，存貸款之外還提供簡易外匯、政府稅金代收、黃金存摺、統一發票兌付等全國農業金庫委託業務。彰化區漁會信用部秘書林嘉賓表示：「開辦多元業務以服務與便民爲目的，手續費收入僅佔信用部營業比重的極小部分。像是過去若欲出國，要購買外幣，芳苑鄉、大城鄉居民必須遠赴二十公里以外的二林鎭上銀行辦理，但自彰化區漁會於二〇〇五年開辦簡易外匯後，居民買賣外幣可以就近在鎭上辦理，方便不少。」

彰化區漁會信用分部在沿海偏鄉落腳，不只造福居民與在地產業，帶動地方發展，更將新氣象帶入傳統農漁村。例如福興鄉沿海漁村過去荒涼、人煙稀少，在二〇〇七年福興信用分部進駐後，附近街道日漸活絡，成爲一處具備飲食、購物、金融等生活機能的熱鬧街區，便是令在地人有感的最佳案例。

超過兩百億元非常不容易。」

五、創造榮景，獲益返哺鄉里

彰化區漁會金融業務表現突出，鄰近各農漁會也派員來漁會取經。漁業署主任秘書更在活動上，公開肯定彰化區漁會金融部門營運績效卓越，「在非都會地區，存款能夠超過兩百億元非常不容易。」

掌握在地需求，服務深受信賴

彰化區漁會肩負起社區銀行、產業金融服務者角色，建構核貸制度、提升核貸品質後，利用感動的服務和在地連結，與商業銀行做出市場區隔，發揮競爭力，成功創下一年比一年高的存貸款成績。

也因逾放比低於1%、呆帳覆蓋率與資本適足率等財務指標表現優良，二〇二一年起，通過彰化縣政府審核，彰化區漁會的一般擔保放款業務承作地區得以擴展至整個臺中市，目前的業務轄區横跨彰化、臺中、雲林三縣市，爲彰化區漁會信用部一大重要里程碑。

二〇二三年，彰化區漁會存款總額超過兩百億，在彰化縣內金融機構中名列前茅，被視為非都會區的金融奇蹟；放款總額達一百四十七億，其中農業相關放款佔比達八成，凸顯彰化區漁會跨產業貸款的能力，更成在地產業發展的重要推手。

締造光榮，成就漁業創新

彰化區漁會以產銷班輔導年輕人回鄉從事農漁業，以貸款協助農漁民的資金需求，活絡地方產業；當產業繁榮成長，彰化區漁會也收穫豐盈。

八年級生青農楊宜樺，改良彰化芳苑老家中的文蛤田，透過科技化的管理方式監控水質變化，利用混養的方式讓魚塭中的生態鏈達成平衡，打造全臺首座有機認證的文蛤養殖場，成功取得目前全臺唯一的有機文蛤認證。二〇二三年時，楊宜樺所參與的產銷班，從全國六千多個產銷班中脫穎而出，獲選為全國十大績優農業產銷班。

年輕創業者薛雍霖自鹿港高中養殖科畢業，學有所成後回鄉投入創業。在彰化區漁會貸款輔導下，薛雍霖以創新概念打造「一條龍」式的小丑魚繁養殖場，培育出超過二十個小丑魚品系。其產品八成外銷至世界各國做為水族館中炙手可熱的觀賞魚；成熟的物流系統更確保小丑魚運送至國外客戶手中，過程中的死亡率為零。

二〇二四年年初，美國馬里蘭州農業科技專家學者來臺進行農業知識的交流，國際農業永續學會理事長、國立中興大學李宗儒教授特別邀請美國專家團隊參訪薛雍霖經營的小丑魚繁養殖場，創業過程與成果令在場的學者讚嘆連連。

楊宜樺是彰化水產養殖產銷第五班班長，也曾獲選二〇二二年第六屆百大標竿青農；薛雍霖曾於二〇二三年獲農業部漁業署及全國漁會頒「全國模範漁民」榮銜。陳諸讚總幹事自豪地說：「兩人都是彰化區漁會以漁業推廣和貸款聯合輔導的客戶！」

開創繁榮產業，盈餘回饋在地

跨國金融機構體系組織龐大，未必能回應在地需要；彰化區漁會信用部把

▲ 2023 年彰化縣漁民薛雍霖（前排右）獲農業部漁業署及全國漁會頒「全國模範漁民」榮銜。

握本身價值定位，以滿足地方需求爲經營宗旨，反而更能爲在地產業與社區創造福祉。二〇二三年上映的電影《Bank of Dave》，描繪出的金融模式引發歐美各國金融界反思，而這正是彰化區漁會行之有年的運作模式。

漁會有服務職能、經濟職能、金融職能爲三大工作範疇。二十年來，總幹事陳諸讚全力革新金融職能，使體制與流程更加健全，爲客戶提供更佳服務，刺激農漁業轉型。由於彰化區漁會不斷優化金融作業，許多農漁民得到便捷普惠的金融服務；彰漁信用部精準的貸款與輔導，協助了許多創業者從白手起家到創業致富，更爲地方創造更多產業與就業機會。

當金融事業創造的盈餘逐漸積累，彰化區漁會將更多的資源用於漁村各方面的發展建設、扶助弱勢與救助急難，落實了農漁會信用部的社會功能，開創社區、客戶與漁會共好的三贏局面—其中的點點滴滴，將在接下來的兩章之中詳細分說。

1. 李登輝，二〇〇四年，農漁會發展座談會：農漁會發展方向，農政與農情一四五期。
2. 林美姿，二〇〇三年，專業經營才可長可久，遠見雜誌一九九期。
3. 中華民國農民團體幹部聯合訓練協會，二〇二二年，記錄十九年前今天的一件農業盛事。
4. 譚淑珍，二〇二三年，農漁會信用部前十月成功攔阻詐騙金額逾一億八千萬元，工商時報。
5. 張聰秋，二〇一四年，近魚市場 彰化漁會埔心信用分部業績佳，自由時報。

肆、穩舵揚帆，在地漁產國際發光

一、珍美海味，供銷發展卻遇瓶頸

金黃酥脆的麵皮，包裹著鹹香多汁的蚵仔和韭菜內餡，「蚵仔炸」是彰化芳苑遊子最難忘懷的小吃。

彰化出產的蚵看似比其他產地的蚵較爲小巧，但實則口感細緻飽滿，獲得「珍珠蚵」美名。造就出這道天然海味的正是彰化得天獨厚的岸際潮差—蚵苗每天因潮汐起落，飽受水浸、日曬、風吹，反覆被海浪拍打，像經歷一場場「三溫暖」，肉質更加精實。

彰化沿海漁港潮差起落大，雖令漁民捕撈時空受限，但漁民順勢克服困境，孕育出美味珍珠蚵。二〇〇二年獲薦躍上國宴餐桌，街頭好滋味加冕成爲名菜

▲彰化芳苑沿海一帶養殖區，為全臺文蛤養殖重鎮。

珍饈。漁民辛苦收穫的優質的漁產，需要到位的銷售推廣才能被看見。二十年來，彰化區漁會爲在地漁民提供助力、也扮演漁產銷售的推手。

天然灘地孕育養殖王國

彰化沿海爲沙岸地形，海岸線綿長、岸際腹地廣闊，養殖漁業發展興盛、沿近海捕撈居次。一九七〇年代起，彰化鹿港鎭就有養鰻王國美譽，品質優良的鰻魚曾外銷日本，撐起鹿港漁家經濟。

文蛤養殖在彰化也極爲興盛，產量一年達九千公噸，高居全臺第三。平掛式蚵田遍布彰化沿海，蚵養殖面積廣達一千二百多公頃，年產量達二千四百公噸。[1]

沿近海漁船捕撈的海中烏金（烏魚）亦不遑多讓。每年秋冬是烏魚產季，捕烏魚的漁船靠港後，漁獲經常在港邊就被內行人搶購一空。肥美烏魚捕撈後加工製成濃鮮醇香的烏魚子，成爲冬至、農曆年節的應景美食。雖然彰化漁業發展不像高雄前鎭、宜蘭蘇澳、屏東東港，擁有天然良港，能夠蓬勃發展遠洋漁業，但自一九七〇年代起，彰化在地漁民運用環境特點、掌握養殖技術，在天然灘地上一步步打造出全臺舉足輕重的養殖重鎭。

生產、銷路變動大，漁民苦難言

一九八〇年代高經濟養殖蓬勃發展，魚塭、文蛤池、蚵田遍布彰化沿海。鹿港養鰻產業創造外銷奇蹟，年產量最高達新臺幣一百六十五億元。漁業發展看似盛極一時，但背後卻隱藏風險危機。

討海人、養殖戶靠天吃飯的辛酸，總幹事陳諸讚最能感同身受：「漁獲產量可能受氣候影響，收成後能不能銷出好價，也會被市場、政治因素所左右。一場暴雨或颱風，就可能讓三至四年的養殖心血功虧一簣。」

身邊有不少一輩子討海爲生的父執輩親戚、自己也從小在家鄉芳苑的蚵田鰻池中幫忙，因此陳諸讚自投入公職後，便一心想爲漁民謀得更好的生活，這也正是他參選彰化區漁會總幹事的初衷。二〇〇四年正式就任後，他便積極尋找改善漁民收益、優化漁業發展的切入點。

埔心魚市場用地原爲埔心鄉公所有，由彰化區漁會承租；當時魚市場空間狹小、冷凍設備不足、整體發展條件嚴重受限，陳諸讚總幹事發自內心感嘆：「彰化的漁產需要更優質的銷售通路，以照顧彰化縣超過三千戶的養殖漁民。」

陳諸讚與漁會供銷部同仁每日監控漁產品均價、漲跌幅與交易量，他們觀察到：「市場供需調節機制未充分建立，且儲藏空間不足。發生天災時漁產供應緊峭，這時漁民無魚可賣；當天氣穩定、漁產又會供過於求，漁獲的儲存空間缺乏，使漁民不得不將豐收的漁產低價賣給中盤商。漁民的心在淌血，卻無力改變。

「環境汙染、氣候變遷，常導致養殖心血付諸流水，一定要找出解方。」自二〇〇〇年以來，彰化沿海養殖區屢屢傳出魚群翻肚、文蛤暴斃慘況，陳諸讚知道，科技不斷進步，防治漁產病害的方法一定存在，而他該讓家鄉的漁民盡快學會，因爲未來氣候變化只會愈來愈劇烈、挑戰只會增加不會減少。

自小從漁，陳諸讚在擔任芳苑鄉長、彰化縣議員時，便長期關注漁業動態。如今正式加入漁業界，該如何透過彰化區漁會的力量，讓在地的漁產被看見，進而幫助彰化漁民獲得更好的收入？陳諸讚上任後，將漁民遭遇的困難攬在身上，帶領彰化區漁會協助漁民突破供銷困局。

二、供銷平台革新，埔心魚市場2.0

凌晨二點多，埔心魚市場燈火通明、人潮絡繹不絕，人們正熟睡的時刻，魚市場的一天已開始運轉。

魚市場工作人員快捷高效地進貨完成，拍賣員與承銷人陸續就位，展開漁產拍賣的重頭戲。一批批新鮮漁獲開價、競價到應價成交，拍賣員和承銷人以電腦和競價器操作完成，過程流暢，有條不紊。

一九九五年，埔心魚市場引進農委會推廣的無線式電腦拍賣系統，是全臺第一個實施電子拍賣的魚市場，也是亞洲首例。

埔心魚市場肩負在地養殖漁業漁獲銷售重任，每天滿檔運轉，但隨在地漁獲交易量日增，空間與冷凍設備顯得愈發緊繃。

漁獲交易重鎮，經營倒數計時

成立於一九八九年的埔心魚市場，由彰化區漁會向埔心鄉公所租地籌建，是中臺灣漁民與盤商交易漁獲的重要平台。埔心魚市場中交易的魚種繁多，供應量大，爲全臺第四大消費地魚市場；其場址鄰近交流道，方便盤商收購漁產後，運送至全臺各地區的商販、餐廳、廠家。

但隨使用年限增加，埔心魚市場空調、排水與冷凍設備等硬體逐漸不敷使用。排水與空調系統老舊，使得魚市場難以擺脫魚腥味。二〇〇四年彰化區漁會總幹事陳諸讚上任後，便計畫逐步將魚市場空間優化。

怎料，計畫趕不上變化。交通部公路局頒布計畫新闢的東西向快速道路「埔心聯絡道」，預計穿過埔心魚市場。二〇〇六年，埔心鄉公所函文告知彰化區漁會，必須將埔心魚市場用地徵收，開闢爲國道。這也意味著，埔心魚市場將被迫拆除。

消息一出，養殖漁民們無不擔心，一旦缺少銷售管道，銷量會大受影響；承銷人也苦惱，少了魚市場，生意恐做不下去。紛紛向彰化區漁會總幹事陳諸讚表達憂慮：「漁產銷售需要魚市場，漁民生計不能斷！」

漁民將魚市場的拆遷視爲危機，陳諸讚卻將此當作魚市場翻身的轉機。他深知養殖業漁獲銷售都靠魚市場，爲維護漁民生計，他在理事會中提議「我們必須盡快覓地，遷建埔心魚市場。」

原本的魚市場空調與冷凍設備老舊、地板排水機能不佳，陳諸讚與同仁多次考察外縣市的魚市場，一致得出結論：「新的魚市場要有更大的腹地與更齊全的低溫倉儲，燈光、通風、排水系統也要一併規劃。環境明亮寬敞，空間無異味，周邊金融配置完善，才能促成更多交易買賣商機。」

緊急覓地籌資，為漁民謀生計

即將拆遷的埔心魚市場位於埔心鄉鬧區邊緣，地點距中山高溪湖交流道僅三公里多，擁有交通便捷的優勢，承銷人南來北往非常方便。陳諸讚指出：「新的魚市場也必須位在埔心鄉，熟悉的地點能讓買賣雙方盡快適應，同時也必須具備緊鄰交流道的交通優勢，方便承銷人運送銷貨。」

遷建時間壓力緊迫，在多方尋覓後，彰化區漁會很快地在距離交流道僅九百公尺處覓得紡織廠舊址閒置土地，占地六千坪，空間寬闊，且比原埔心魚市場距離交流道更近。漁會同仁評估，均認爲這是新魚市場極佳的地點。

「爲避免再度發生魚市場用地被收回的窘境，購地自建新魚市場是最理想的。不過，那塊土地每一坪三萬九千元，土地總價就破二億。購地、整地、建設，加上後續硬體設備，都是一筆龐大的開銷。整體建設費用將超過六億，資金該怎麼來？」漁會同仁對於籌資備感苦惱。

在同仁們感到計畫走入瓶頸時，陳諸讚善用人脈與管道，向中央、地方政府各相關部門提出完善的埔心魚市場遷建計畫，並積極奔走，爭取經費。全力嘗試在避免漁會財務負擔過重前提下、促成埔心魚市場的遷建。

經過陳諸讚積極溝通，以及與各單位深厚的關係與情誼，籌資取得了重大進展。埔心魚市場遷建總工程所需經費三億三千萬元，獲行政院農業委員會漁業署同意補助一億五千萬，約爲總營建經費的一半，彰化縣政府補助八千萬元，一億元由彰化區漁會自籌。

陳諸讚向理事會呈報後，六千坪土地購地費用，彰化區漁會決定申請內部融資。陳諸讚表示，「我們依據信用部融資規則辦理，提出完善還款營運計畫。雖然是內部融資，但仍然確保經過周延縝密的機制監督。」

掛念漁民生計，也擔心新舊魚市場工程銜接不上導致銷售空窗期，彰化區漁會的埔心魚市場遷建工程以快轉速度進行。年底正式委託建築師事務所專案管理及監造，二〇〇九年九月底辦理工程發包，二〇一〇年四月便正式動工，同年十二月因舊魚市場已被收回，新場址在施工期間即開始試營運。

魚市場現代化，競爭力大躍進

「彰化縣各界慶祝二〇一一年（民國一百年）漁民節活動暨埔心魚市場落成啟用典禮七月十七日舉行，現場嘉賓雲集。總統馬英九、彰化縣長卓伯源、彰化區漁會理事長張平順、農委會副主委胡興華、漁業署長沙志一等人與會，共同剪綵，並為埔心魚市場電腦拍賣系統按鈕啟動後，正式啟用。」[2]

文自夏玲，《國立教育廣播電台》

爲呼應漁民需求，新的埔心魚市場分階段完成。第一期先完善拍賣空間，總計六百七十坪的拍賣場比起舊市場計增加近三百坪，挑高十三公尺，無柱結構的大跨距設計，使拍賣作業動線順暢無阻，並爲往後保留擴大拍賣空間的彈性。

埔心魚市場啓用當天，彰化區漁會總幹事陳諸讚帶著貴賓與漁民代表參觀檢視。漁業署長官無不對寬闊的空間、挑高的格局讚譽有加，也對良好的通風設計稱讚連連。魚市場屋頂一整片太陽能板更令衆人稱道不已：「魚市場也顧及節能減碳趨勢！」

陳諸讚說明：「新的埔心魚市場不只能容納更多漁民、漁獲，促進交易量，現代化無柱結構也讓魚市場整體視野更開闊、不裝空調也能自然通風；地面選用特殊材質，整

▲埔心魚市場啓用日是彰化大日子，時任總統馬英九（中）也到場觀禮見證。

體平面有助快速排水。看似簡單，實則處處是細節。」

彰化區漁會於二〇一三年在魚市場旁闢建埔心信用分部，健全魚市場交易機能。後續又向漁業署、彰化縣政府與台電爭取經費，進行第二期工程拓建，低溫倉儲設備於二〇一七年建置完工，改善了過去魚市場冷凍空間不足的問題。新落成的低溫倉儲空間共七百坪，可儲存三千塊棧板。該低溫倉儲部分空間保留給漁業署，作為政府穩定漁獲、調節供需政策之用；其餘空間，彰化區漁會妥善規劃後出租給漁民、盤商或是各類業者。

埔心魚市場低溫倉儲也導入數位化冷鏈溫度調控機制，在電費離峰時段加載降溫，尖峰時段卸載，待回溫後再加載，省電又具節能減碳效益。此外，彰化區漁會將魚市場部分空間分租給旅行社和販售漁產等伴手禮的商家。不少遊覽車上交流道前順路停靠埔心魚市場購買漁產，在地漁產伴手禮多了一個銷售管道，漁會也獲得額外營收。

漁業衰退，漁獲交易反逆勢成長

近年來法規改變與沿海漁業資源衰退，連帶影響魚市場的漁獲交易。漁業署前署長、國立臺灣海洋大學海洋中心胡興華教授如此描述近年的大環境變化：「早期漁會是靠經營魚市場拍賣管理費作爲收入來源。一九八〇年至一九九〇

▲新落成的埔心魚市場空間寬敞，能容納更多漁民、漁獲，大大提升交易量與服務品質。

▲彰化區漁會埔心魚市場屋頂上方裝設太陽能板，開發再生能源，落實減碳理念。

年後，臺灣沿近海漁業資源越來越少。減少原因包括漁船太多、過度捕撈，以及水汙染嚴重。」

「漁獲量減少，導致魚市場交易量減少。一九八二年《農產品市場交易法》重新頒布，規定漁民可以直接零售漁產不需進入魚市場交易，並課徵營業稅，這更對魚市場造成打擊，漁會收入因而下降。」

不過彰化區漁會的埔心魚市場，顯然成為逆勢成長的絕佳例證。總幹事陳諸讚表示：「埔心魚市場落成後，交易量不斷提升，已躍升為全臺第三大消費地魚市場。魚市場管理費、低溫倉儲和腹地的出租費用都為漁會帶來額外的收益。太陽能與冷鏈溫控系統，更爲漁會省下大筆電費開銷。」

在埔心魚市場低溫倉儲關建完工後，漁會也更能對抗漁獲產量的波動對漁民的傷害。在漁產過剩時，漁會得以向漁民收購漁獲，避免價格崩跌殃及漁民；在漁獲減產的時期，又可以釋出存貨，以平抑價格，造福消費者。

二〇一七年，彰化區漁會進一步創設貿易事業部，大批購買進口漁獲在魚市場銷售；此舉透過集貨達到集客的效果，並且保持充裕漁獲量，有助平穩市場漁獲價格，更能拓展彰化區漁會財源，創造多方皆贏的局面。

現代化魚市場完成後，彰化區漁會下一步，便是要幫助漁民的日常經營，有系統、有組織地提高漁民收益。

三、照顧漁民生計，突破產銷困境

彰化縣芳苑鄉漢寶、王功及永興三個養殖漁業生產區，主要養殖文蛤，年產量六千四百〇九公噸、產值約三億八千萬元，居全臺第三。

文蛤養殖需要清潔的水源。早年不易維持水質，文蛤死亡比例相當高。養殖文蛤技術不斷進步，其中方法之一就是將文蛤與虱目魚混養。虱目魚以魚塭底棲藻類、青苔為食，混養大為改善水質，也就增加文蛤存活率。虱目魚在文蛤池中養殖，不耗費額外空間，肉質還格外細嫩可口。

不過，漁民投入心力養殖虱目魚，卻未必代表漁民每年都能從中獲得大量收益。當養殖文蛤業者都採取此方法，虱目魚產量大增，反而大幅壓低了價格，使得漁民感嘆營生不易。

既有產銷結構牢固，漁民獲益低

虱目魚肉質鮮美，是臺灣極受歡迎的平民料理，臺灣中南部是虱目魚重要產地，但二十年前，卻時常傳出產量過剩、價格崩跌的消息。虱目魚在溫暖水質下極易存活，若遇暖冬，各家養殖戶漁獲大豐收，被迫賠本賤賣的情景更是經常上演。

「今年虱目魚產量增加導致價格下跌，成魚每台斤已跌到三十元上下，虱目魚苗連帶受影響，原本每尾約三元成本的五吋魚苗，目前只賣兩塊半，養殖戶爲了避免颱風雨季造成災損，不得不認賠賣出。」3

漁民每日辛苦捕撈與養殖，但卻無法獲得收益保障：這樣的辛酸，從小養鰻長大的漁村子弟陳諸讚清楚地解釋：「二十年前影響漁民最鉅的困境，除了漁產過剩時必須賤價出售外，大量漁產需經盤商收購轉賣，常被壓低價格，導致漁民獲利困難。」

從小在芳苑漁村長大、對家鄉漁產如數家珍的陳諸讚，希望讓外界看見彰化漁民的打拚心血和彰化漁產的與衆不同。他上任總幹事時如此告訴自己：「彰化區漁會需要帶領漁民翻轉供銷鏈，產業結構上一定還有進步優化的空間。」

二〇〇四年上任後，他旋即帶領供銷部同仁集思廣益，要在現有的基礎上追求突破，爲漁民創造更多利潤、改善漁民生活。

開發漁產加工品，化解產量過剩危機

「虱目魚價格跌太快，漁會除了進場收購冷藏、避免漁獲湧入市場，還有什麼更好的方法？」陳諸讚總幹事帶領同仁一起思考：「虱目魚是最常發生產銷不平衡的漁獲。一旦低價傾銷，漁民恐蒙虧損；但漁會大量購入過剩的漁產，長時間囤儲在低溫倉儲，也不符合空間使用效益。」

「何不做成加工產品，售得更好的價錢？」透過發想與討論，果眞得到妙招：「花枝丸、魚丸是常見的小吃，銷路甚廣，漁會若能媒合加工食品廠，將庫存的虱目魚做成在地口味的虱目魚丸販售，也不失爲一方法。」

在陳諸讚總幹事的帶領下，供銷部開始一連串「爲虱目魚找出路」的嘗試。彰化區漁會尋找在地可配合的加工廠，請加工廠將漁會的虱目魚製成魚丸、虱目魚酥、蒲燒虱目魚肚，由彰化區漁會嚴格把關眞材實料、味道口感、包裝設計、明確的產品標示。投入市場銷售後，發現消費者接受度極高。

近年來，滴雞精風潮盛，虱目魚精也成爲彰化區漁會開發的品項。以高科技萃取製成滴虱目魚精，保留魚的鮮美而不帶腥味，並採用最新生技軟罐頭包裝，可常溫保存達兩年。二〇二三年彰化區漁會提報滴虱目魚精參與農業部舉辦的海宴水產精品選拔，一舉獲得海宴水產精品殊榮。

出於同樣的初衷，彰化區漁會又推出文蛤眞空包和暢銷產品蒲燒鰻，爲漁民化解供需失衡問題，也讓彰化區漁會以更豐富的加工漁產品造福消費者。

陳諸讚表示，「加工漁產品比漁獲更容易進入市場。彰化區漁會爲漁產加值，每一項漁產品背後，都具有幫助產銷平衡、顧及漁民生計的重要用意。」

銷售另闢蹊徑，破解產銷結構鏈

農漁產品從產地到餐桌，往往經過一連串運銷流程，既有的盤商結構下，終端市價雖高，但漁產價格被層層瓜分，漁民最後的獲益往往少之又少。

「應該讓消費者與在地漁產更親近！」隨自家的漁產加工品在市場上立足，製程建立後，陳諸讚也逐漸萌生經營漁產銷售的念頭。他認為，漁會若能直接將漁產銷售給消費者，漁民能增加獲利；消費者了解產地，也能吃得更安心。但漁產品該在哪裡賣呢？隨網路購物趨勢盛行，除了傳統的銷售管道，彰化區漁會供銷部同仁提出線下、線上通路的佈局。

▲彰化區漁會自行研發滴虱目魚精，榮獲農業部「海宴水產精品」殊榮。

首先，彰化區漁會在沿海六鄉鎮共七辦事處，同步規劃為實體門市。購置冷凍設備、協調運輸物流、規劃商品陳設方式後，自二〇〇七年起七辦事處增加門市部。

總幹事陳諸讚為鼓勵全體漁會員工推薦自家漁產品，也依薪點設定漁產銷售責任額，並帶領供銷部同仁積極拜會公司行號推廣在地漁產，達到目標不吝以獎金獎勵。

第二個銷售方法是農漁協力，增加銷售點。「農漁本一家，沿海鄉鎮以外的據點，可借助農會平台銷售。在農會能買漁產品，漁會也能買到農產品。」總幹事陳諸讚積極聯繫彰化各地區農會協助代為銷售，以農漁產品互助模式，為漁產品廣建銷售通路。同時，線上平台也逐步建置。在資訊部同仁的協力下，二〇一三年，彰化區漁會線上商城正式啓用。清晰的商品圖片與完善資訊在網頁中整齊陳列，多元品項與實體門市全無二致。

透過網路，消費者只需要點幾個按鍵、完成下單，數天內就能收到彰化水產商品低溫宅配到府；便捷的網路串起全臺各地的饕客，更拉近漁會與消費者的距離。

二〇二〇年起新冠肺炎疫情席捲全臺長達三年，彰化區漁會線上商城受家庭主婦信賴與喜愛，成為國人漁產重要採購管道，業績節節攀升。彰化區漁會埔心魚市場更進一步透過線上直播拍賣蒲燒鰻、虱目魚丸等新鮮水產，引起一波銷售熱潮。

自開啓此業務以來，供銷部業績平穩成長，並且幫助彰化漁民生計獲得保障，利潤也更為提高。

自有品牌成軍，強化在地漁產亮點

「彰化漁產品的魅力，凡品嘗過就會知道。該如何讓彰化的漁產更具辨識度，更能透過穩定的品質達成銷售加值？」陳諸讚進一步思考：「彰化區漁會可以不只是個漁民團體，或許也能成爲帶動彰化漁產銷量與口碑的品牌。」

現代化網路資訊暢通，各類線上線下漁產、水產品的競爭也愈趨激烈，建立出衆的自有品牌不容易。陳諸讚總幹事與供銷部同仁下了非常多的功夫，構思彰化區漁會最突出的產品優勢。

在共識會議上，供銷部門認爲，漁會品牌最有價值也最與衆不同的特色便是：「產地直送、品質嚴選、安全可靠」。

首先，「產地直送」原則下，彰化區漁會販售來自在地、最引以爲傲的特色漁產，方便消費者指名購買彰化產的優質漁產。

養鰻經驗豐富的陳諸讚，也以自身經驗嚴謹監督品牌商品，爲品質把關。「彰化區漁會品牌販售在地漁產，包括虱目魚丸、虱目魚精，鹿港養殖的蒲燒鰻和烏魚子等。漁會的蒲燒鰻雖高於市場均價，但口感絕對不一樣！年初放、年底抓的一年鰻，魚刺最軟也最好吃。」他的語氣中滿是對自家蒲燒鰻的自豪與滿意。

彰化區漁會供銷部同仁認爲，「高品質」是令消費者一再回購的關鍵。無論是原料品質，或是製程工序、委託製造的加工廠也經過再三挑剔。所有的堅持，都是爲了確保所有彰化區漁會出品的商品口感與水準維持一致。

「烏魚子的製作過程是否嚴謹，大大影響品質和口感，因此我們也精挑細選烏魚子供應漁家。」陳諸讚表示，彰化區漁會自有品牌的烏魚子厚度固定、形狀完整，外觀呈現金黃而微透光。品牌不只獲得消費者喜愛與認可，更曾多次在全國烏魚子評鑑中得獎。

隨社會上食安風氣漸盛，彰化區漁會供銷部同仁認爲，身爲地區漁會也必須確保自有品牌的產品「安全可靠」。因此，彰化區漁會爲所有產品取得食安認證，在產品外包裝上標示熱量、成分、製造單位，並投保產品責任險。二〇一三年，彰化區漁會註冊商標，品牌正式成立，除了期望增加漁會產品的辨識度，亦是對消費者的長期承諾。

隨著品牌建立，彰化區漁會有更多商業創新的靈活度。每年藉母親節、端午節、中秋節等佳節時機，推廣伴手禮禮盒，更積極與彰化各地區農會聯手推出農產與漁產二合一禮盒，大受歡迎。

由於市場的肯定，漁會可以放心地依成本調整產品價格，不讓消費者買貴，也不讓漁民吃虧。經過數年的實踐，陳諸讚發現：「消費者普遍信賴漁會產品的品質；就算漲價，不少老顧客仍願意買單，讓我們欣慰又感動。」

四、產銷班茁壯，漁民精進經營實力

隨著工商業發展，土地成本節節升高，愈來愈多漁民走向集約式養殖，亦即利用較少的空間進行高密度養殖。此舉好處是能爲漁民減少成本，帶來高產量和收益，但卻會增加動物致病感染風險，例如草蝦、文蛤均面對此課題。

此外，彰化海岸北鄰臺中火力發電廠、南鄰台塑六輕工廠，空氣汙染、海水汙染案件頻傳；沿海一帶的畜牧、酪農業或大型工廠也會有畜牧廢水、工業用水流入河川。導致魚塭水質受到汙染，養殖的魚、蝦、蚵、蛤都可能大批死亡。

對彰化養殖漁民來說，隱藏在水源、空氣、飼料、作物體上的病害與汙染，有如不定時炸彈，稍不注意就會功虧一簣。

養殖業收成變數多，漁民苦無解

彰化芳苑鄉一共有漢寶、王功和永興三個養殖漁業生產區，一九七〇年代起開始發展養殖漁業。早期以草蝦、白蝦養殖爲主，但數度因病變導致大量死亡，漁民不明所以，卻又苦無解方，只得更換養殖魚種。嘗試養殖文蛤，曾有一段日子順遂穩定，但數年後也遭遇病害，發展碰上瓶頸。

總幹事陳諸讚是芳苑在地子弟，經常接到家鄉養殖漁民的陳情與訴苦：「整池文蛤幾乎全死光，預計收成一百公斤，現在只剩十公斤，簡直血本無歸！」

「養殖漁業並非投擲飼料、打撈收成那麼簡單。」陳諸讚解釋：「魚塭內部因素，如底部土質是否淤積無活性、池中藻類是否生長過剩、水質鹽度與含氧量是否在標準值……這些漁民較容易控制。外部因素如傳染病、空氣汙染、水質汙染、極端氣候（嚴寒或高溫）、颱風暴雨等也都會直接影響產量。有時汙染與天氣狀況同時發生，更會造成養殖物種突然大規模死亡，漁民很難改變或防範。」

這些風險因素難以避免，漁民的養殖技術就須要不斷提升。彰化地區漁業以淺海、陸域養殖業爲重，約佔整體漁業比例的三分之二，養殖漁業輔導體制是否健全，實在茲事體大。

陳諸讚在任職二屆彰化縣議員期間，曾多次在議會爲漁民發聲，呼籲政府積極尋找熟悉養殖漁業的學者專家或中央學術機構，爲養殖漁民系統性解決養殖病害問題。

就任彰化區漁會總幹事後，陳諸讚深知，未來隨氣候變遷和工業汙染增加，漁民面對的未知數將只增不減。因此，必須加緊腳步輔導養殖漁民解決病害與環境問題，否則，養殖漁產集體死亡造成虧損的案件只會一再發生，甚至日益嚴重。

媒合專家資源，系統性提升養殖技術

漁會以保障漁民權益、提高漁民知識技能為宗旨；在漁會體制之下，亦有不少相同作業性質的漁民，彼此集結形成組織，交流漁業技術、降低生產成本。二〇〇九年起，漁業署開始推動產銷計畫，漁業產銷班開始正式運作。

陳諸讚二〇〇四年進入彰化區漁會之際，漁民自主成立的產銷團體僅二班，人數屈指可數、運作也並不成熟。在深入考察現況後，陳諸讚與漁會同仁認為：「漁民與漁業界學者的產學合作可以更緊密、更系統化，尤其應該透過產銷班，輔導漁民應對漁業病害、進一步提高養殖的質與量。」

▲彰化區漁會漁業產銷班定期舉辦講習會，邀請學者、專家分享新知。

在彰化區漁會推廣部的聯繫組織下，文蛤、牡蠣、烏魚等依據漁產種類區分的產銷班一一成立。各產銷班選出班長，並定期舉辦班會、講習觀摩會、示範教學等教育活動，以交流養殖技術。

當班員遇到共同困境，彰化區漁會積極邀請漁業領域專家來到魚塭實地觀察、了解狀況，並指導技術與方法。漁會推廣部同時也組織漁事研究班，邀請高中職與大專院校漁業相關學子，前來魚塭參訪實習，與第一線漁民互動，帶動產學交流。漁會舉辦漁業知識講習，幾乎場場都獲得漁民熱烈回響。參加產銷班的漁民回憶：「專家建議，養殖池需要定期休息，才能讓魚塭底部土壤恢復活性；休池期間更需要靠藥物殺菌，或以石灰、茶葉渣覆蓋，徹底杜絕細菌傳染病孳生；也有學者建議，漁民可以嘗試在文蛤池中加入益生菌，改善文蛤暴斃情況。這些都是我們過去不知道的疾病預防技術，也帶來很好的效果。」

陳諸讚總幹事經常親自參與產銷班講習和定期班會，鼓勵漁民嘗試新魚種、運用新方法。從與漁民面對面交流中，他能即時接收漁業發展近況、了解漁民現階段面對的難題，並進一步思考該如何助漁民一臂之力。

漁民培力有成！超越產銷班原有職能

漁業署成立漁業產銷班的初衷爲技術輔導、共同運銷。漁業學者、國立臺灣海洋大學應用經濟研究所蕭堯仁副教授分析：

「爲提高漁民獲利，二〇一〇年起，漁業署參考農委會的農業產銷班，推動漁業產銷班政策。政府輔導漁民，集結十人以上，即可成立產銷班，由漁會輔導漁民養殖技術，漁民可集結一同購買飼料魚苗、一同開發產品並銷售、尋找通路，漁民不再是單打獨鬥。」

在總幹事陳諸讚與漁會推廣部近二十年的努力下，漁業產銷班數從二班增長至十一班，目前已有一百四十六名養殖戶參與其中。

「此時漁會的供銷業務開始扮演另一個角色，從傳統主導拍賣經營，轉型爲輔導漁民，形成如合作社的組織。」

產銷班與漁會的連結緊密，已突破漁業產銷班的本質功能。不少產銷班漁民在產業上勇於嘗試創新，贏得模範漁民、神農獎等殊榮肯定；漁民爲回饋漁會的輔導，也積極參與漁會活動、協助更多青農或從事新創的漁民，並爲漁會介紹客戶，形成良性互動，成爲漁會的最佳代言人。

▲彰化區漁會漁事產銷班定期舉辦研習活動，為漁民補齊最新的養殖技術與知識。

陳諸讚表示：「長期下來，產銷班已與漁會培養良好的互動默契。成員們透過班會溝通彼此需求，透過漁會解決共同問題，成為互助合作的大家庭。」

近年來，文蛤產銷班開始自發統一申請政府機械、冷藏設備、發電機補助；牡蠣產銷班也一同爭取作業空間與空調的政府補助款。各產銷班開始自立，善用政府提供的設施及資材補助方案，減輕經營壓力。隨著產銷班體制日益健全，漁民解決問題、克服經營困難的能力也逐漸發展茁壯。

五、落實社會責任，彰化漁產走向國際

每年十二月，「港邊烏魚樂時節」是彰化鹿港重要年度盛事。在地漁產市集、體驗活動與民俗表演吸引大批觀光客湧入鹿港。這個由彰化區漁會與鹿港鎮公所合辦的漁產活動，成功推銷鹿港在地養殖烏魚，也爲漁民帶來熱絡買氣。

在彰化區漁會的輔導下，彰化在地漁產已獲得消費者口碑與認可，彰化烏魚子年銷量不受景氣與市場影響，每年穩定成長。由漁業署舉辦的烏魚子評選比賽，漁民也曾爭氣地連續六年將冠軍獎座留在彰化。

自二〇一一年落成後，埔心魚市場拍賣交易額穩定成長，已從啓用時的一億成長至十一億，目前爲僅次於臺北魚市場及臺中魚市場的全國第三大消費地魚市場。

當年總幹事陳諸讚購置大面積土地做爲魚市場用地，地價每坪三萬九千元；如今財產重估一坪已上漲至二十萬三千元，實在可謂遠見。嶄新且管控得宜的大空間低溫倉儲，也出租給盤商與外部企業，爲漁會增加財源收入。

魚市場總務股長許展彰慶幸也感謝總幹事陳諸讚的先見之明：「近年人力物料齊漲，若是現今才蓋低溫倉儲，預料價格會是過去的二至三倍！」

二〇二三年，彰化區漁會將埔心魚市場的前瞻性節能減碳做法，與漁會各項永續發

展行動，彙整成ESG報告書，提報競逐獎項，最後喜獲台灣傑出金融業務菁業獎「最佳ESG獎」殊榮。

彰化漁產品的銷售也屢傳佳績！在漁會的供需調節下，漁產價格穩定、漁民收益獲得保障。二〇二三年彰化區漁會的線上商城業績突破七千萬—這些收益背後，都是漁民心血與付出得到了市場回饋的欣慰。

彰化區漁會輔導的漁業產銷班體質健全，也幫助更多漁民創新與增進技術。例如彰化縣芳苑鄉水產養殖班第五班班長楊宜樺，帶領班員勇於嘗試養殖日本進口的黑文蛤，並研發出生態友善及科學化的文蛤養殖模式。二〇二三年五月，楊宜樺以及其產銷班取得全國唯一的有機黑蜆驗證，成功進軍漁產品質要求極嚴的日本市場；此可謂創新漁業的最佳例證。

▲彰化區漁會產銷班班長楊宜樺（圖中央著藍衣者），榮獲有機文蛤認證。

回首過去二十年的努力，陳諸讚總幹事非常欣慰：「漁會最重要的任務，是增加漁民生產收益，改善漁民生活。這部分，彰化區漁會做到了，十餘年來，許多漁民在漁會的幫助下，成功創業致富！」

1. 彰化縣政府，二〇〇八年，道地海滋味 歡迎來嚐鮮文蛤與牡蠣養殖的回顧與展望，陽光彰化第十二期。
2. 夏玲，二〇一一年，彰化漁民節活動暨埔心魚市場落成啟用，國立教育廣播電台。
3. 陳治交，二〇一五年，暖冬產量增 虱目魚價跌，中華日報。

伍、照亮漁村的燈塔，全方位社區服務

一、工業昌盛，農漁村卻悄悄變調

過去數百年間，彰化是農漁民的樂土。沃野百里盛產糧食，近海漁場與陸域池塭源源不絕提供鮮美的水產，供應全臺灣人口。但自一九七〇年代起，臺灣進入工業化，海岸田間建起一棟棟廠房，三不五時排出黑煙汙水。

在區域經濟發展政策下，北彰化如彰化市、花壇、和美、伸港到鹿港，成爲電鍍、五金、染整等產業重鎮。二〇〇〇年代，彰化縣內營運中工廠達八千八百餘座[1]，縣內工業區、產業園區的成立，帶動地方產經發展，卻也徹底改變了彰化縣的土地、河海，與人口結構。

汙水流向魚塭，田地改種起廠房

彰化縣各鄉鎮發展工業、開闢工廠。農漁村大量人口進入工業區；卻換來工廠排出的各種污染。

工廠林立於農田之間，農業用水被工業區佔用，排放的汙水流入農田，和美鎮更曾傳出人人聞之色變的鎘米事件。岸際的工業區違法排出廢水，毒害了彰化沿海養殖區，鹿港蚵田曾受銅、鋅等重金屬污染[2]，引起漁民抗議、消費者恐慌。

偏鄉農漁村的土地、水源與空氣受到汙染，進一步造成沿近海漁業資源衰退，更使漁村勞動力流失加速。二〇〇五年，彰化縣內沿海各鄉鎮人口幾乎均呈現負成長，縣內扶老比[3]十年內成長超過3%[4]，農漁村的教育文化出現斷層，過往沿海漁村的興盛活力也不復見，漁村發展面臨挑戰。

漁村發展陷困境，漁會服務面臨轉型

漁村需要什麼幫助？又該從何著手？眼見漁業資源衰退、漁村人口結構出現變化，彰化區漁會總幹事陳諸讚認爲，漁業文化傳承、漁村活化與永續、高齡漁業人口的照護成爲漁會必須重視的課題。

彰化區漁會推廣部職員共計十人，成員多來自在地。陳諸讚總幹事上任後，指示該部門成員分頭到沿海鄉鎮「田野調查」，找尋需要漁會協助改善的課題；同時也著手盤點現有資源，並廣泛搜尋可以運用的政府單位計畫經費。

陳諸讚認爲，要促進永續發展，漁會除了協助漁民經營事業，更該開始著手進行生態保育。漁會團隊也看見，在人口外流後，許多漁村孩子的處境更顯弱勢，城鄉教育資源落差更爲明顯。漁會此時若能夠支援漁業教育，將可補足政府政策的不足；同時也能透過下一代的教育，保存並傳承漁村文化，提升孩子的家鄉認同感。

如同所有漁村長大的孩子，陳諸讚總幹事也看到海中風浪爲討海人帶來的生命風險，氣候與產業變遷爲養殖漁業帶來的損失。總幹事陳諸讚堅持，除了漁會既有的關懷與救助不僅必須延續，還必須更擴大，爲更多的漁民、漁村長者織起一面穩固的照護網。

陳諸讚表示：「時代在變，漁會不能只是被動聽從政府指揮，更要主動看見漁村需要，將資源與協助帶到需要的人身旁。」

二、以前瞻之見，維護漁村漁業永續

彰化海岸濕地面積廣達一萬二千多公頃，在臺灣各縣市中排名第一。廣袤的潮間帶孕育豐富多元的生態，也是漁民架棚養蚵的絕佳腹地。然而近二十年來，人爲汙染與捕撈速度遠超以往，海洋資源的再生速度遠不及人類耗用速度，海洋資源面臨枯竭。然而，在二〇〇〇年代，「保育」與「永續」對漁村來說仍非常陌生。

漁會是以促進漁業發展爲目的的人民團體，陳諸讚總幹事知道，要讓在地漁業能長遠發展、漁產經濟更活絡，就必須把「永續」的觀念擺在前面，在滿足漁業需求同時也兼顧環境平衡與和諧。

陳諸讚總幹事看見沿近海漁業資源已漸漸枯竭，需要一套更嚴謹捕撈規則，以免海洋資源極速消逝殆盡。而此危機並不只發生在海中的魚群。陳諸讚指出：「我從小在芳苑海邊長大，發現濕地上的螻蛄蝦很明顯愈來愈少，過度捕撈後要恢復更是難上加難。若現在沒有開始保育，過幾年便很可能會滅種。」螻蛄蝦以彰化沿海濕地爲主要棲地，卻因濕地遭開發、機械化捕撈盛行，面臨嚴重的生態危機。

在陳諸讚總幹事帶領下，彰化區漁會爲漁民確保永續發展的產業前景，從生態平衡與永續開始。

以入漁權建立永續漁業觀

農田土地有地契權狀表明所有權，但茫茫大海的使用權由誰定義？面對缺乏所有權與管理機制的海洋，漁民常常傾向過度捕撈─畢竟，海中的魚群，今天自己不撈，明天就被別人撈走。

一九九四年起省政府開始發放專用漁業權證，希望將海洋區區劃分，進而永續管理。在其後十餘年間，法條逐步完備，二〇〇四年起漁業權被視爲物權[5]，漁民在海面上經營漁業具合法權益。

依據規範，區漁會向漁業署申請特定海域（漁場）的專用漁業權後，以漁業權人身分，向漁民收取入漁費，漁民始獲得進入漁場養殖、捕撈的入漁權，得以合法使用核准的漁具漁法，經營漁業。

過去彰化區漁會漁民並不熟悉專用漁業權概念；在陳諸讚總幹事上任時，十年一期的專用漁業權證過去曾因故延宕多年未發。但陳諸讚總幹事甫上任便深入了解專用漁業權的利害關係。他帶領漁會辦事處同仁積極向漁民宣導入漁權的重要性，並積極向中央漁業署爭取核發。

二〇〇九年，彰化區漁會專用漁業權證照核發後，陳諸讚總幹事推動將漁場做出精細的劃界。漁會出動空拍機、使用ＧＰＳ衛星定位，並以ＧＩＳ系統（地理資訊系統）將彰化區漁會漁場內所有蚵田和淺海養殖範圍，都清晰繪製並標示，納入漁民資料，作爲入漁管理依據，從源頭化解了界線不清而引發的捕撈糾紛。陳諸讚總幹事表示：

「無窮無盡的捕撈，資源會有浩劫的一天。以專用漁業權進行妥善的管理才能確保漁業永續。在捕撈範圍明確界定的前提下，漁民更有意願採用政府核准的漁法進行合法捕撈，符合永續思維。政府可據此爲漁民提供天然災害補償保障，漁業權人也必須依事

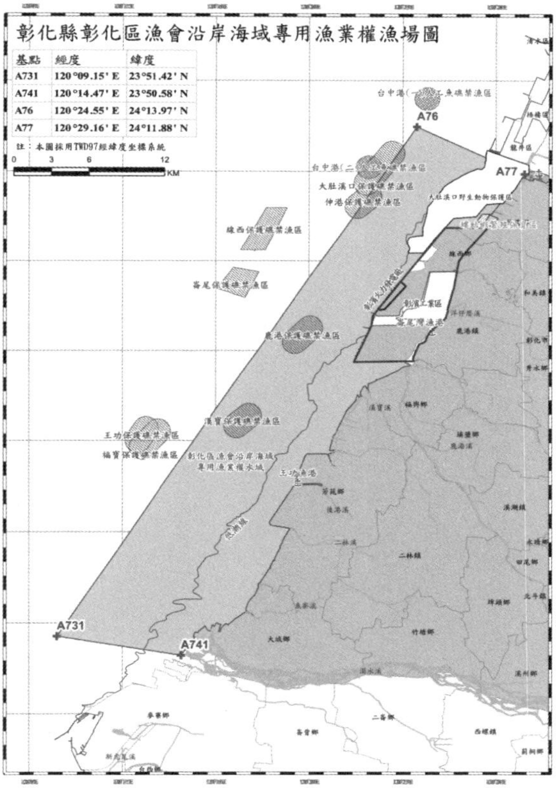

▲彰化縣彰化區漁會專用漁業權漁場圖（圖片來源：漁業署）。

業計畫書規定辦理資源保育及海域環境維護。」

專用漁業權兼具維護漁業資源與保障漁民權益的雙重目的。陳諸讚深度理解專用漁業權的重要性，二〇二三年就讀國立中興大學農業企業經營管理碩士在職專班時，亦以此爲題撰寫論文。他認爲，漁會有責任管理漁場並輔導漁民取得捕撈養殖的合法權益，這是漁會以身作則、輔導漁民、協助產業經營的重要一步。

事業大小事，處處為漁民設想周到

彰化區漁會全方位照護漁民，除了爲漁民取得合法保障，也關注漁民事業須求。漁民的收入每年都不固定，但卻須定期購置、更換漁業耗材，此經營成本對漁民構成不小的負擔。陳諸讚表示，「彰化芳苑是國內養蚵重鎭，產量居全臺第四，淺灘區蚵棚以平掛式養殖法爲主，須使用大量蚵線。蚵線是消耗品，由漁會統一代購，可以量制價。」即使價格壓低，對個體戶蚵農來說仍是負擔。因此，彰化區漁會再決定將專用漁業權經費作爲蚵線補助款，並且更進一步爲蚵農爭取到彰化縣政府經費部分補貼。凡此種種補助措施大大減輕蚵農壓力，是彰化蚵農獨享的福利。

蚵田以外，漁港邊也可見彰化區漁會的用心。彰化區漁會在沿海潮間帶爲蚵農鋪設水泥道路，方便採蚵車出入；也在較多大型漁船停靠的線西塭仔漁港設立漁船加油站，提供優惠油價補貼，方便漁民出海前就近加油。儘管二十年來漁船數縮減，漁會仍堅持維持服務。

彰化縣海岸平緩、潮差甚大，沿岸皆爲候潮港。在退潮時許多漁船停置在泥灘上，無人看顧，船筏上的設備、馬達因此經常遭竊。發現此情事後，陳諸讚總幹事於二〇一九年指示彰化區漁會購置監視設備，於七處漁船停泊密集處裝設監視器，嚇阻犯罪事件發生，效果顯著。

▲蚵（牡蠣）為彰化縣內重要漁產，採取特有「平掛式」養殖法。

▲蚵線為養蚵業的一次性使用耗材，彰化區漁會提供蚵線補助與配售服務，對漁民事業帶來莫大幫助。

生態環保領頭羊，在地漁業航向永續

螻蛄蝦是棲息於沙灘地的彰化潮間帶海域的在地物種，後被開發成爲具食用價值的在地美食「鹿港蝦猴」。早期漁民以傳統鐵耙挖掘，捕獲量有限，賺取收入的同時，仍可達到生態平衡。但近代捕撈業者改以加壓馬達向沙地灌水的方式，藉此提高捕捉效率，大量、快速捕捉螻蛄蝦。再加上彰化海岸工業開發，更加速螻蛄蝦棲地破碎與消失。

二十年前，螻蛄蝦正受棲地被破壞與過度捕撈的雙重威脅夾擊。陳諸讚看在眼裡，不願見彰化人的兒時回憶走入歷史，決定漁會須要有所作爲。

「過去漁會從來沒有人在保育螻蛄蝦，這是吃力不討好又會花錢的業務。」陳諸讚坦言，一開始螻蛄蝦保育區的推動並不順利，取得漁民的支持是最有挑戰的關卡。

陳諸讚說明：「漁會是民間團體，並不具備公權力，因此我們前期花費很多時間與漁民協調，成功後請彰化縣政府辦理螻蛄蝦繁殖保育區公告。」經過誠懇、耐心的協調，彰化區漁會成功說服捕撈業者與當地漁民配合保育行動。

經過研究與諮詢專家，彰化區漁會將沿海螻蛄蝦密集分佈的棲地劃設爲「核心地帶」，次要分佈區則劃設爲「緩衝地帶」。核心地帶限制經濟採捕行爲，緩衝地帶依委託學術單位建議設定可維持生態平衡的容許捕撈量。此舉目的是期望螻蛄蝦能在核心地帶安穩繁衍，進而溢散到緩衝地帶，達到資源永續。

在漁會促成推動下，二〇〇五年彰化縣政府正式劃設全臺第一片螻蛄蝦保育區，遍及伸港、芳苑沿海，近一百公頃，學術研究與護育保存功能並重。

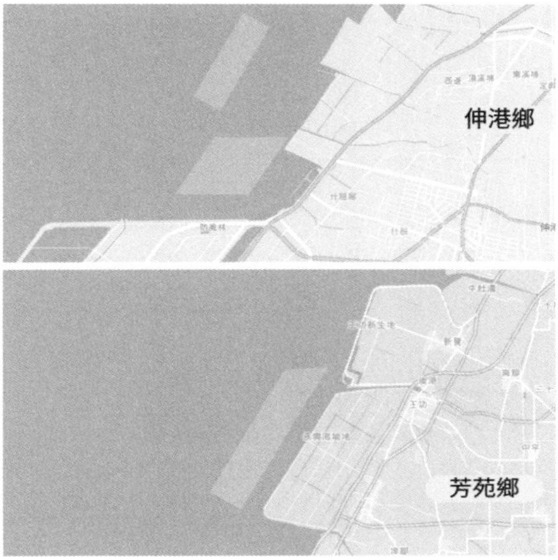

▲彰化縣螻蛄蝦保育區位置示意圖。

在充分理解漁會的用心後，漁民的心態從原本的反對轉而支持，甚至在漁會的安排下成立保育班，由漁民輪班擔任班長、班員以巡守保育區。生態永續的種子藉此逐漸根植民心。

確保相關工作能夠長期持續執行，彰化區漁會也向彰濱工業區服務中心等公家機關爭取回饋金補償，作爲螻蛄蝦保育區保育班巡守經費、周遭標示物維護費用，同時聘請專家調查生態復育成效。

彰化沿海是螻蛄蝦棲地，外海是白海豚重要棲息環境範圍、河川則是鰻魚洄游路線。二○○五年，彰化區以螻蛄蝦保育吹響生態工作的號角，二○二○年彰化區漁會進一步爭取經費，號召漁民與漁船成立白海豚巡護隊和濁水溪巡守隊，培訓更多在地漁民

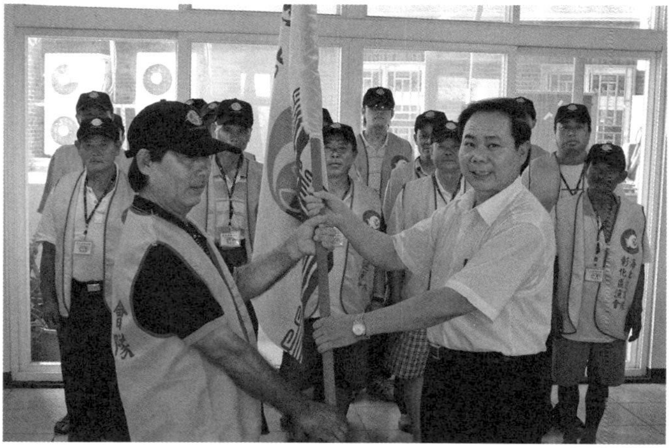

▲彰化區漁會漁民自發維護螻蛄蝦保育區，促進漁業資源永續。圖為二○一○年陳諸讚總幹事（右）為螻蛄蝦資源巡護隊授旗。

成為環境保育的一份子。

針對白海豚，彰化區漁會辦理臺灣鯨豚觀察員培訓課程、教育推廣講座及目擊回報工作說明會，讓在地漁民成為鯨豚保護者。自此，彰化漁民在海上捕撈時若發現鯨豚，就會自主降低船筏航行速度，並記錄搜集鯨豚生態樣貌、特性或分布等資料。漁民的記錄已成為國內外學界鯨豚研究的重要資料。

守護鰻魚方面，漁會辦理巡護資源保育法規宣導會、在舊濁水溪河岸設置禁魚告示牌，並號召漁民組成巡守隊。在每年鰻苗禁捕段，十至二十名成員排班輪流在河川旁邊產業道路巡視，守護重要漁業資源。彰化區漁會也與彰化縣環保局共同合作，邀集全縣漁民組成「環保艦隊」，在出海採蚵、捕魚的同時也回收海漂垃圾，歸港後由海巡署協助漁民秤重及記錄海洋廢棄物的重量，每年定期頒獎表揚。

生態復育有成，保育觀念也擴散

彰化區漁會重視專用漁業權概念，管理計畫每年須提報漁業署檢視；多年來，彰化區漁會科技化的管理方法精細周全，曾獲得漁業署長沙志一的讚許。潛移默化之下，漁民們開始將海洋視為自己的責任，守護海洋的意識從此深植漁村。

在漁會的推動下，二〇〇九年至二〇一九年間，彰化縣內六百七十艘漁船全數申請並取得入漁權證。二〇二〇年計有二百〇五艘船筏參與淨海保育行動，二〇二二年已累計至二百四十八艘漁船筏參與協力。二〇二四年九月，在頒獎典禮上，彰化區漁會風光接下「二〇二四年環保艦隊最佳推手獎」，這也是彰化區漁會第五次獲獎。

彰化區漁會近年聘請學術單位採樣調查沿海保育成效，發現歷經將近二十年的守護行動下，三處螻蛄蝦在保育區中，有兩處生態資源密度呈成長趨勢。螻蛄蝦的生態危機可謂告一段落，二〇二四年十月漁會也曾辦理學術研討會分享成果與保育計畫。

▲彰化區漁會漁民籌組白海豚巡護隊，監測白海豚出沒並記錄，為環境保育盡心盡力。

彰化區漁會比起其他地區漁會更早、更全面推動前瞻面向的社區服務，也讓前漁業署署長胡興華印象深刻：「彰化區漁會經濟好、能力強，因此提早從事文化與保育生態等面向。彰化地區有許多亟需保育的特殊生態，如螻蛄蝦猴、白海豚等。彰化區漁會也在這部分上適時介入、貢獻付出，比多數漁會有更深的參與、更可觀的成果。」

蚵線、漁船等各項漁業事業上，彰化區漁會出資出力，也讓漁民負擔更爲減輕、漁業經營更能長久永續。

在彰化區漁會的倡導下，漁民日益自主發起海洋永續行動，取之於海洋，也投入保育海洋。廿年來，政府、漁會、漁民三方協力，一同成就一樁樁環境保育美事。

三、全齡教育，爲漁村培力

少子化、高齡化、人口外流，是經濟發展過程中，臺灣非都會區縣市面臨的嚴峻課題。爲均衡地區發展，政府推出青年回鄉、偏鄉教師、在地創業等獎勵措施，行政院更將二〇一九年定爲「臺灣地方創生元年」，將「地方創生」定位提升爲國家安全戰略層級。

彰化沿海鄉村M型化人口結構現象嚴峻，面臨偏鄉常見的諸多困局。二〇〇〇年代，在中央與地方政府仍未察覺危機之時，彰化區漁會已開始推展從少到老的全齡教育與長者照護行動。

▲彰化沿海漁村面臨人口高齡化危機，彰化區漁會持續辦理長照服務，照護漁村高齡長者。

人口外流，隱藏危機浮現

彰化漁業發展歷史悠久，過去彰化的漁村充滿活力。隨人口外流，不僅漁村沒落，漁村的文化與教育功能也逐漸凋零。

根據二〇〇五年彰化縣政府發布的彰化縣統計要覽，當年彰化縣人口淨遷出爲五千〇九十九人，社會增加率[6]除了大村及伸港二鄉爲正成長外，其他各鄉鎮皆爲負成長。

陳諸讚解釋：「人口外流不只發生在青壯年族群，就連孩子的教育也有邊陲化的危機。較有經濟能力的家長，會將孩子送到鹿港、福興的國中小，經濟弱勢的孩子只能留在偏鄉漁村求學。」隔代教養困境下，漁村青少年對彰化故鄉的漁業發展史生疏淡漠、缺乏認知，許多國中小學生甚至不認識生活周遭的在地漁產。中生代對漁業缺乏認同感，不願接手漁業家業外，漁村中新住民配偶也因漁村關係漸疏離，而無法融入這個異鄉。

在地漁業的知識與經驗無人傳承，傳統漁法技藝也逐漸失傳。

對此，總幹事陳諸讚比起政府早一步察覺，他將漁村的需求全面攤開檢視，決定領導漁會著手進行多項青少年教育、中生代培力工作，藉以延續漁村漁業文化傳承，並且著力發展長者照護服務。

四健教育，讓漁業文化深植青少年

一九〇二年緣於美國的青年組織「四健會」，目的在培養農村青少年發展活技能，以及從團體生活中學習組織與合作。一九五二年起由農復會引進臺灣，作爲在地農會培育青年農民的重要機制，一九八〇年代起進一步拓展至漁會，帶動培養漁業青年人才。彰化區漁會自一九八七年率先於芳苑國中、鹿港高中水產養殖科成立四健會。隨漁村人口外流與少子化趨勢，二〇〇四年起陳諸讚總幹事決定將四健會年齡層更向下紮根，從青少年拓展到兒童，鼓勵孩子認識漁業，並培養、發展興趣與志業。

「漁業的面相豐富且深廣，因此每年都可規劃不同的推廣主題。我們與各級學校合作，因地制宜，推廣最符合在地需求的漁業教育。」各界憂心少子化成社會趨勢，學校會愈來愈少，但陳諸讚認爲，反而可以藉此將四健教育以更精緻的教學方式，普及到彰化縣內各級學校中。鹿港鎮洛津國小舊名爲烏魚寮小學，前身爲鹿港早期捕烏魚的工寮。陳諸讚與彰化區漁會推廣部同仁，爲洛津國小學生規劃「再現烏魚寮」系列課程，帶領學生認識烏魚外型與烏魚的基本構造，並實際操作塗抹鹽巴醃製烏魚子，體驗傳統的烏魚子晾曬方法。

芳苑鄉是全臺文蛤養殖重鎮，彰化區漁會推廣部培訓講師帶領芳苑鄉漢寶國小學生認識文蛤養殖產業鏈、文蛤營養與料理。近年來，綠能離岸風電進駐彰化外海，彰化區漁會也在課程中融入再生能源知識，為孩童開拓出課本以外的學習領域，也讓在地漁產、產業融入孩子生活中。

隨時代變遷與社會需求，彰化區漁會四健教育方針也隨之調整。彰化區漁會推廣部主任黃姿菁表示：「四健教育不只侷限於漁業技藝，更將手、腦、身、心能力融入在推廣課程。藉由體驗培養孩子協作、管理、思考、互動等全人發展所需的多元能力。孩子也從參與漁村四健活動的過程中培養出責任心與服務心。」

近年不少漁家孩子因家中收入不穩定，課後必須打零工賺錢，而無法專心求學。總幹事陳諸讚因此決定擴大既有的彰化區漁會會員子女獎助學金制度。總幹事陳諸讚表示：「早期彰化區漁會捐助獎學金僅限鹿港高中，目前已拓展至彰化沿海六鄉鎮

▲四健漁村青少年參與技藝傳承推廣教育，在鄉土教育中促進全人發展。

▲彰化區漁會在校園內推廣四健教育，漁村青少年學習在地漁產知識與文化。圖為學生們解剖觀察烏魚與烏魚子。

▲彰化區漁會定期提供沿海鄉鎮弱勢學子經濟扶助，圖為彰化區漁會總幹事陳諸讚（左二）至鹿港高中水產養殖科頒發獎學金。

各國中小，學業成績優良的漁民子女皆可申請。彰化區漁會獎學金發放的學校數量成長、名額增加，金額也加碼，每年撥款總額約三十萬。」

提撥經費作爲漁民子弟的獎助學金之外，彰化區漁會也積極協助學子申請各單位的獎助學金，如農業部農漁民子女獎助學金、中華民國全國漁會的臺灣區漁民子弟水產獎學金等。

各辦事處受理學子提出的申請表、辦理初審，並撥付補助款項給予獲獎學子，減輕漁民家庭經濟壓力。

彰化區漁會與偏鄉學校合作漁村技藝特色教學，爲校園注入活水。透過發放獎助學金，以實質資源鼓勵漁村子女向學，讓漁村成爲適合人才發展與茁壯的沃土。

推廣教育，活絡漁村經濟

漁村的活躍，婦女的角色極爲重要。因此，彰化區漁會在協助漁民漁業經營、參與青少年教育之外，也將關注面向延伸至漁村婦女。

一九九〇年代，爲活絡漁村經濟，開始推行「漁村技藝培育推廣教育計畫」，開辦家政班、高齡班、新住民班及田媽媽班。陳諸讚總幹事上任後，延續計畫，爭取漁業署與縣政府經費，結合漁會自籌款，將班會的課程內容加深加廣。在過去二十年的經營中，這四種班會，各針對不同族群的需求，開發對應的輔導內容，進行漁村婦女培力。

參與家政班的成員大多是漁會會員的另一半。藉由家政班機會相聚，這些漁家婦女一同學習電腦資訊應用、國樂演奏、健康知識、環境保育及相關手工藝類等課程。總幹事陳諸讚表示：「在協助家中的漁業事業之外，漁村婦女也可以積極尋找興趣，培養第二專長，展現自我！」

新住民班由漁村的外籍配偶組成。來自各國的學員彼此互爲老師，從料理到舞蹈都能相互切磋，打破語言隔閡，成爲好姊妹，在異鄉結爲一家人。陳諸讚總幹事描述此班的成效：「彰化區漁會的新住民班讓外籍配偶更快融入在地、適應臺灣風土民情；看到另一半積極參與新住民班會，也讓家人深受感動。」

喜愛烹飪的漁村婦女量身打造的彰化區漁會田媽媽班，也是廣受歡迎的一門班會。漁村婦女善用在地漁產做出創意料理，在班會上互相交流料理方式、食材選用與擺盤技巧，甚至組隊參與全國田媽媽競賽。彰化區漁會推廣部黃姿菁主任表示：「不少人在烹飪中找到興趣，決定創業開店！」

隨高齡化社會趨勢，以銀髮族爲主的高齡班，人數在近年漸漸成長。彰化區漁會安排講師、教練，透過體適能訓練與緩和運動爲長者復能，達到促進健康、延緩老化的目的。總幹事陳諸讚對成果非常肯定，「除了預防失能，定期上課的高齡班也能讓長者多了一個走出門的動力，活化四肢、擊退憂鬱。多年前引進的槌球運動，便深獲高齡班成員喜愛，甚至自發組隊比賽。」

▲彰化區漁會新住民班由漁村的外籍配偶組成，透過班會交流培養出相互支持的好感情。

▲彰化區漁會高齡班為促進健康、延緩老化，成立槌球班，鼓勵銀髮族外出運動。

各項技藝班會經費主要由漁會自盈餘提撥支持。漁會也向政府申請計畫補助款，讓各班會財源充裕，品質不斷精進，造福更多有興趣的漁村居民。彰化區漁會漁村技藝培育推廣教育計畫承辦人傳暄惠表示：「近年來班會推廣有成，各鄉鎮都有擴班需求。彰化區漁會藉此帶動漁村機能活化，與漁民家庭加深連結；漁村居民間情感也更加穩固。」

文化技藝傳承，重塑漁村新風貌

漁業文化技藝需要傳承，漁業界先民的智慧與傳統也需要保存。一九九五年，彰化區漁會創全國之先，成立漁業文化展示館，將具有歷史價值的各種漁業文物加以蒐集、整理、保存，供外界參觀學習。

經多年經營與積累，彰化區漁會漁業文化館不斷將來自全國各地的漁業文物攸納爲館藏展品，至今已成爲臺灣漁業文化保存重要典範型據點。多年來，此展館開放學童免費參觀，是漁村四健教育的培訓場地，也是周邊各級學校最喜愛的課外教學場所。由於藏品豐碩、保存完整，漁會也不時配合國內各大博物館主題展覽須求出借展品。

彰化區漁會也透過紙本刊物記錄在地漁業發展歷程。由彰化區漁會推廣部執筆的《潮間帶》雙月刊一九九八年創刊，在網路尚未普及的年代，起初刊物是爲向漁民宣導漁業政令、報導魚汛。

但隨資訊便捷化，陳諸讚將《潮間帶》

▲彰化區漁會創全國之先，成立漁業文化展示館，陳諸讚擔任總幹事任內，精心維護與積極擴充館藏。

▲彰化區漁會發行《潮間帶》雙月刊，紀錄下在地漁業發展歷史，至今發行已超過一百六十期。圖為《潮間帶》雙月刊刊頭。

雙月刊的用途延伸，鼓勵同仁寫下在漁會服務的所見所感、對漁業議題的分析觀察，並給予稿費回饋。陳諸讚除了希望同仁能夠透過寫作，增進對議題與職務的理解，也期待彰化區漁會對各項業務的關注，能透過刊物傳遞至全國各機關團體中，發揮影響力。

過去《潮間帶》每期印刷三千六百份漸漸不夠發送，推廣部進一步將潮間帶月刊電子化，上傳至官網並透過社群媒體廣傳，發送至客戶群組與會員手中。

《潮間帶》雙月刊發行長達二十六年，未曾間斷，彰化區漁會透過刊物紀錄歷史，成爲國內漁業發展歷程最豐富的史料藏庫之一。彰化區漁會也透過慶典活動，傳揚在地漁村文化，二〇〇五年開辦的王功漁火節是最成功也最經典的地方創生案例。

一九九〇年代起，由於漁業資源利用已趨飽和，屬一級產業的漁業漸漸沒落，二、三級產業蓬勃發展。二〇〇二年，王功漁港一度蕭條凋敝。爲強化經營效益，彰化縣政府欲將漁港委外經營。但當時陳諸讚總幹事擔心，外部企業管理漁港恐危害漁民權益，他參與投標並成功得標，並決定每年定期舉辦大型活動以聚集人氣、活化漁港。

「王功漁港的王功夕照是早期彰化八大景之一，數百小漁船在日落時分點燈進港，海面漁火閃閃，美不勝收！」陳諸讚回憶。二〇〇五年，彰化區漁會決定開辦王功漁火節，除了黃昏漁火，再增加藝人演唱、攤位進駐、煙火表演吸引人潮。王功漁火節舉辦的第一年就吸引超過兩萬名觀光客入場，活動大獲好評。

王功漁火節盛大的成功獲得彰化縣政府重視，隨後每年皆在縣政府指導下舉辦，搭配不同漁業物產當作活動主題，促進觀光也達到推廣地方產業之效。疫情後的二〇二三年，王功漁火節再度大規模復辦，短短三天的王功漁火節活動吸引三十八萬人次造訪，人數創下歷年新高。

不只公益，更具鄉村再造遠見

彰化區漁會跨領域與在地學校合作推廣四健教育，至今已辦理三十七年，培養無數學子的服務心與學習熱忱。

彰化區漁會推廣部主任黃姿菁分享自己親身經歷：「我正是受惠於彰化區漁會四健教育，長大後又投身漁會服務的實際案例。許多從小接觸四健教育的孩子，長大後都樂於參與漁業推廣與服務，甚至與我一樣，加入漁會扶植下一代。」

漁會提撥經費，不吝資助弱勢學子獎學金，成為漁民子女的堅強靠山。每年六月畢業季，為感謝漁會的善款，漁會都會受邀參加中小學畢業典禮擔任頒獎人。總幹事陳諸讚表示：「漁會每年都要排班動員內部主管出席，到場給予孩子肯定。邀請學校多的時候，主管都不夠用，所有基層同仁都可能需要支援參加各校畢業典禮。」

漁村婦女與高齡長者的技藝班，在陳諸讚總幹事的推動下，參與人數節節上升，目前十個班的參與人數超過四百人，人數比起二十年前成長近十倍，且仍持續增加。王功漁火節已晉升成為中部最大海洋慶典，與貢寮、墾丁二地齊名。王功漁火節吸引人潮，在地的傳統漁法潮間帶採蚵車更順勢成為地方觀光重點，不只帶動芳苑青年回鄉創業，更為芳苑開拓休閒漁業契機，促進地方繁榮。

彰化區漁會廿年來透過全齡教育與文化傳承，活化漁村，也賦予漁村子弟更多光榮感與歸屬感。

四、爲漁村排憂解難，扛起在地照服重任

香火鼎盛的媽祖廟在臺灣各地漁村中相當普遍，主祀守護海上平安的「媽祖」，是討海人重要的心靈寄託。

有趣的是，漁業學者蕭堯仁教授曾以「二十四小時的媽祖」形容地區漁會總幹事目前的角色：「在漁業行爲、漁業環境變化下，各種問題隨時隨地都可能發生，因此現代漁會要處理的漁民困難救助面向，比過去更爲複雜。而且現在還可以透過通訊軟體直接聯繫，使得漁會服務即時性要求更高、更複雜多元。以前總幹事是當白天的媽祖，現在是當二十四小時媽祖。」

舉凡對漁民的急難救助、社區關懷、保險津貼等各方面事項，發展健全的漁會均納入業務範圍，盡力協助漁民改善事業與生活。不論在海域上還是陸地上，當漁民遇到急難，一通電話就能獲得及時的幫助。漁會總幹事似已成爲眞人媽祖婆。

過去，彰化區漁會爲遭遇海上急難的漁民提供金錢救助，但隨時代演進，漁村人口結構大幅改變，許多漁民走入暮年，面對退休後的財務困難。陳諸讚總幹事認爲，當前更需要強化的，是對退休漁民的生活照護、津貼保險。

二〇〇四年起，彰化區漁會決定盤點資源，在社區關懷上提出優化與改革。

關懷長者，獨老的重要寄託

漁民工作以勞力謀生，年邁退休後缺乏適合參與的活動，體力與智力便可能快速退化。因此，當二〇二〇年彰化區漁會總幹事陳諸讚獲知農委會即將推動「綠色照顧站」長照政策時，立刻指示推廣部同仁爭取計畫。彰化區漁會選定閒置的芳苑舊辦公室作爲綠色照顧站示範站點，安排推廣部同仁籌劃運用。二〇二一年第一處綠色照顧站示範據點正式運作，邀請退休漁民、漁村長者造訪運用。

「綠色照顧站課程內容必須結合在地特色，與一般日照據點有所不同。」業務承辦人林佩萱表示：「起初在構思在地特色課程時很苦惱。在多次走訪漁村後，我發現，隨

▲運用在地現成材料打造的環保蚵殼盆栽，是來自彰化區漁會綠色照顧站的創意巧思。

處可見的蚵殼、文蛤殼就是最好的教材。」

堅硬的蚵殼、文蛤殼是漁村長輩接觸了一輩子的天然產物。綠色照顧站邀請有手作興趣的家政班婦女擔任講師，開發出ＤＩＹ蚵殼植物盆栽、文蛤福氣雞等特色課程，將在地廢棄牡蠣殼、文蛤殼再次利用，鼓勵長輩活動手腦，發揮生活周邊廢棄物的多元價值。

隨綠色照顧站成立，漁村長者也逐漸聚攏，彰化區漁會接著號召漁村有志之士，成立志工隊，在工作空檔關懷長者，安排定期居家探視、爲銀髮族供餐、爲照顧站規劃課程，達到在地自主照護的良善循環。

芳苑站點曾有一對老夫婦，總是一同參與綠色照顧站活動。但二〇二三年老先生因病過世。老婦人的孫子女擔心長輩年邁獨

▲彰化區漁會在漁村社區中開辦長者供餐服務，營造友善高齡生活環境。

居，希望能取得鄰里朋友的聯絡方式，以備不時之需。當老婦人在被問及：「社區裡誰最常關心、照顧您？」她想了片刻後回答，「漁會的綠色照顧站承辦人林佩萱。」長輩的真誠與肯定讓林佩萱深受感動：「在我們的服務過程中 ，每天見證長者與漁會志工、服務人員跨越年紀建立信任和情誼。」

總幹事陳諸讚回顧：「漁會深知長者關懷照護任務有多麼重要。二〇二一年時僅開設一處綠色照顧站，約二十名學員；但隨消息傳開，各鄉鎮銀髮族報名踴躍。後來兩年內連開三班，成效更是廣獲好評。」

救老扶傷，落實社福功能

海面上風浪與天氣難測，每一次的出海作業都有風險，漁民又多身爲家中經濟重要支柱。當不幸遇上海難，現行漁業署海難救助機制與補助難以補足家庭損失。因此，彰化區漁會自盈餘中提撥救助經費，讓遭難的漁會會員家屬在最困難的時候得到支援。

國立臺灣海洋大學應用經濟研究所蕭堯仁副教授曾如此分析漁會在發生海難時的職能：「一旦在海上發生困難或需救助的事件，漁民第一時間最可能請求漁會協助。此時漁會將立刻尋求地方政府等相關單位介入，同時陪伴家屬。在此事件上，漁會扮演社會福利方面的角色定位相當明確。」當接獲鄰近漁船或漁業電台通報海面事故，海巡署會第一時間告知漁會，由漁會協助聯繫社福單位、慰問家屬、申請海難基金、爲遇難者子女申請獎助學金等。

過去漁村也曾發生不肖人士趁著遇難者家屬手足無措時，藉口協助處理保險、申請補助，實際索取高額費用行詐騙的情事。這類事件在漁會參與協助後就不再發生。近年來漁會在漁民大會、產銷班等各種場合中，不斷宣導出海的必要安全措施，加強漁民的安全觀念，同時引進政府資源，補助船上救生設備，因此海難發生機率已逐年下降。於是，彰化區漁會更加側重推動漁船納保，爲漁民建立保險觀念，提升漁民的風險韌性。

漁業署針對二十噸以下小船提供漁船保險保費全額補助，但過去漁民普遍對此並不積極，投保比例低。爲此，彰化區漁會透過漁民大會說明政府補助方針，鼓勵漁民爲漁船納保。在各鄉鎮辦事處積極輔導下，近年來彰化縣漁船共六百七十艘已全數納保，非人爲損失都得以提出補償申請，漁民出海作業更有保障。在海洋資源多元開發趨勢下，海面上大大小小的糾紛比例逐年上升。當海上發生船際糾紛，會由彰化區漁會成立糾紛協調小組，擔任兩造之間仲裁人，讓糾紛以最低成本達成和解。陳諸讚總幹事指出：「遇到海上事故，漁民不必找律師，通通可以找漁會。透過漁會協調，幾乎九成以上都能達成共識。」

回饋在地，打造正向循環

二十年來彰化區漁會不斷將盈餘回饋在地，舉個最近的例子：二〇二四年將一批價值約兩百萬元的特種搜救隊器材捐贈給彰化縣消防局。同時也不間斷資助縣內各鄉鎮老人會辦理長青活動，助長者強健身心，減少醫療花費。凡此種種奉獻，都促成社會正向循環。

彰化區漁會長期經營社區關懷、促進長者健康，透過推廣部課程班會與在地連結。公益善舉之外，建立與社區緊密的信任關係，也自然而然地帶動存放款業務和漁獲銷售量成長。國立臺灣海洋大學應用經濟研究所蕭堯仁副教授分析：「如果漁會經營妥善，且推廣部人力足夠，會讓信用部業績更加成長。推廣部看似是花錢的單位，但花很多資源做基本功，長久下來卻是打穩經營根柢，反映在信用部經營成效上。」

彰化區漁會雪中送炭的社區關懷行動，將服務送到最缺乏的地方，長期以來漸漸改變漁會與漁村的生態，「信賴」這項漁村最寶貴的資產點滴積累，釀成美好的互助共生關係。

五、共榮共好！漁村與漁會一同成長

社會像魚塭，長期照顧飼育，才能得到豐收；在漁會多年的灌溉下，彰化地區文化、產業、情份都富饒興盛。最好的例子，莫過於第三章曾提及，出身彰化福興的創新漁業業者、獲選全國模範漁民薛雍霖。

薛雍霖在鹿港高中水產養殖科求學時便培養出對小丑魚的興趣，更在彰化區漁會四健會的培育下，發掘出對漁產養殖的興趣與天賦，一路鑽研深耕至碩士。待學有所成後，鎖定觀賞魚市場，返鄉創立盛天合生物科技股份有限公司，培育國產小丑魚，將產品外銷到歐美各國。

▲彰化縣漁民薛雍霖（右三）經營小丑魚養殖事業，外銷成績亮眼。美國馬里蘭州教授率團跨海參訪學習，來臺進行臺灣養殖及漁業成果國際交流。

事業有成後，他不忘回頭扶植漁村。他積極招募具水產養殖背景的漁會四健會學弟妹加入公司團隊；每年也提供許多實習機會，幫助縣內高中職及漁業相關科系的大學院校生體驗產業實況。受漁村四健教育滋養成長後，反饋家鄉，爲家鄉創造就業機會，並積極助益後輩，薛雍霖是彰化區漁會推廣服務與漁村四健教育有成的絕佳模範。

關注漁民福祉，再造永續漁村

二十年來，透過專用漁業權、生態保育區與大大小小的環保行動，促進漁業永續；在事業資材上給予漁民實質協助，減輕漁民經營成本與壓力。彰化區漁會深刻了解漁村需要，順應時代趨勢，打造出從小到老的全齡特色教育，活絡漁村經濟；更透過史料保存、書籍典冊紀錄、創新的活動，爲彰化漁業發展書寫歷史。漁會同時也關注漁民退休生活品質，配合政府辦理老漁津貼，主動通知審核通過的退休漁民申辦請領；積極爭取外部資源、善用自身盈餘，爲漁民開辦許多健康促進與長者照護服務。

陳諸讚總幹事更進一步著眼於國內漁民福利政策。過去漁民勞健保（漁保），將甲類漁民漁業保險基本薪資訂爲一萬六千五百元，遠遠低於實況，使漁民退休後領到的年金極低。陳諸讚認爲勞保局對漁民的薪資認定與事實不符，漁民的付出與收入實應遠高於此。

二〇〇六年時，他在全國漁會總幹事工作會報上全力為漁民爭取漁民勞健保基本薪資調升，提出多項有利佐證，獲得各地區漁會總幹事認同。陳諸讚號召爭取之下，漁業署、勞保局重新檢視金額的合理性，經研討後獲得修正。漁民最高投保薪資修正為四萬五千八百元，退休漁民的年金數額自此大幅度改善。

彰化區漁會的各項服務可謂實踐了「老有所終、壯有所用、幼有所長」的古典理想，得到各界表揚與殊榮。自二〇〇八年至二〇二三年，四健會經營成效，在漁村青少年推廣教育計畫評鑑中連續十六年獲得全國第一名，為目前臺灣漁村青少年推廣教育標竿。二〇二三年農業部第三屆全國十大綠色照顧優良典範徵選競賽，也將彰化區漁會綠色照顧站評選為「綠色學習標竿」。

漁村與漁會互動典範，學界也肯定

綜觀全臺漁會的發展，推廣部門向來被認為是花錢的單位，比起金融與供銷部門較不被重視。然而，彰化區漁會已證明，推廣部門可以成為推動漁村前進與優化的關鍵團隊。漁業學者蕭堯仁副教授表示：「從漁業人才養成、漁業傳承到文化傳承，漁會在整個過程中都沒有缺席。與在地漁民青年、漁村婦女間也建立良好的組織維繫網絡，且將這些漁會的基本業務持續經營下去，是漁會體質維持優良的關鍵。」

彰化區漁會透過教育、關懷照顧、文化傳承，長期堅持社區推廣服務，已將漁村與漁會緊密相連，成為彼此一同成長茁壯的有機體。

在臺灣二、三級產業成經濟發展主流、人口外流、高齡化浪潮情勢嚴峻之際，彰化區漁會的推廣服務，觸角比政府更廣泛、更深入、服務也更到位，不只守護在地漁村居民，也成功涵育了彰化永續漁村發展茁壯。

1. 彰化縣政府，彰化縣歷年統計年報。
2. 農業部漁業署，二〇二〇年，臺灣沿岸海域漁業環境公害之調查研究。
3. 每一百個工作年齡人口（十五歲至六十四歲人口）所需扶養老年人口數（六十五歲以上人口）。
4. 彰化縣政府，二〇〇三年，民國九十四年彰化縣統計要覽。
5. 載於《漁業法》第十五條。
6. 指人口社會增長的速度，即遷入率與遷出率之差。

陸、堅守立場護漁民，兼顧國家綠能轉型政策

一、暴風將至——優質風場背後的代價

「總幹事，經濟部公告的潛力場址圖你看到了嗎？」幕僚拿著一份資料走進總幹事室，指著臺灣西部沿海地圖。陳諸讚總幹事細看，發現已被畫上一格一格的色塊，其中彰化外海幾乎全被框入，皺起眉頭詢問：「這色塊是什麼意思？」

「我們整片外海都是離岸風電的潛力場址，現在經濟部已正式公告，之後會有廠商來這片海域開發風電！」

彰化風大到讓人站不穩，陳諸讚從小就充分感受得到；海風強到能開關風場發電，他雖有聽聞，但從未想過會成眞。當中央政府已著手推動此計畫，陳諸讚內心除了訝異，還有更多憂慮：「這些海域，可是我們祖祖輩輩的漁場。開發風電後，對漁民的影響，政府知道嗎？」

二〇一三年，經濟部推動離岸風電示範風場計畫，台電離岸風電一期是彰化第一個離岸風電計畫；兩年後，又再公告全臺三十六處離岸風電潛力場址，其中彰化外海佔六成以上。

經濟部的一紙公告，在彰化外海掀起了濤天巨浪。

世代漁場，一朝成風場

彰化外海被劃設為潛力風場，但這「潛力」所代表的意義，漁民並不樂見。無論一般漁民，或是漁會理監事，都感到憂慮。

「我們必須有所表態！」陳諸讚緊急召集理監事會，討論進一步的作為。會議上，理事紛紛發言；尤其是兩年前的事件，大家仍記憶猶新—本土的風電開發商尚未與漁會簽約，就在海面施工，嚴重影響漁民作業權益，補償金更是遲遲沒有撥付。最後萬般無奈下，漁會提起法律訴訟以維護權益。不願見漁會再次吃虧，有理事激動地說：「之前發生的還不夠嗎？類似事件還要上演多少次？」

漁會擔心不只捕撈漁業會直接受害，漁會養殖股也分析沿海蚵田、鰻魚池同樣面臨困境。業者都擔心：「到時候周遭的蚵田都可能被施工帶來的泥砂掩埋而減產；沿海地帶將鋪設電纜線，許多漁民經營了一輩子的魚塭、蚵田都必須遷移！」

臨時理事會上，眾人決定：「在必要的時候，絕對要為彰化縣內上萬漁民權益站出來，不論是北上抗議或是召開記者會，費用均由漁會支出，要讓政府聽見漁民聲音、堅決守護漁民權益，直到訴求獲得明確解方。」

疑問不得解！環評前民眾頻抗爭

彰化區漁會漁民的擔憂其來有自。細數臺灣近年重大工程開發史，在重大工程開發案前的「環評」階段，經常有民間團體、環保團體的動員抗爭。這個現象背後的原因，正是因爲與在地民眾溝通環節，往往被擺在規劃審核過程的最末端。

環評意即「環境影響評估」，政府透過審查開發計畫以預防及減輕重大工程對環境造成負面衝擊。依據法定流程，透過「公開說明會」向社會、地方民眾溝通之責，並不在規劃政策的政府機關，而是在於開發單位（廠商）。

環評之前，廠商依法規必須提交環境影響說明書，並辦理公開說明會。然而，即使開發案通過環評，也只是取得投標的入場券，後續還須經過相當漫長的競標、審查及簽約流程。直到正式取得主管機關核發的開發權後，才算是眞正確定取得執行開發的資格，也才算是正式以專案開發商的立場與地方民眾接觸與說明。

但若轉換成當地居民的視角，知道自家周邊未來將開發大規模工程，且自己的生活、健康、生計也可能受到影響，在對開發案還有許多疑問的情況下，居民自然會感到擔憂焦急。因此在環評前夕，常有民眾以抗爭等較激烈的方式表達意見。這在臺灣重大工程開發史上，斑斑可考。

「若能在政策與開發案開始前，先開啓地方的溝通，或許便能減少抗議事件的發生。」一名熟稔重大工程開發案程序運作的公部門人員表示。

當彰化外海被經濟部劃設爲潛力風場後，全球各大離岸風電開發商競相提出開發計畫，爭取風場開發權。二〇一七年底，彰化外海數個離岸風電開發提案進入環評階段。

在風電開發案環評階段，彰化漁民感到極度疑慮與擔憂，卻沒有得到充份溝通，對政府、廠商的不滿也因此逐漸升高。

彰化區漁會與漁民代表們預見：「一旦海域被建成風場，超過萬名漁民將頓失世代捕撈的漁場。我們也支持再生能源政策，但不允許漁民權益被輕易犧牲！」在陳諸讚總幹事領導下，彰化區漁會成爲守護漁民的帶隊先鋒。

二、激浪擊岸—環評前夕的衝突抗爭

二〇一七年十二月中旬，二台遊覽車停靠環保署大門前，數十人依序下車，神情凝重、步履昂揚。

算準時間點，此刻正是環評委員準備進入環保署開會的時機，他們擎起準備好的白布條，大聲呼喊「抗議強佔漁撈空間」、「反對破壞漁業環境」。

這天，是離岸風電開發案環評大會審議日，彰化外海的離岸風電案環評是否通過將就此定奪。彰化的漁民擔憂未來離岸風電佔據彰化海域，將影響漁撈空間，他們遠道而來，堅定表達訴求。爲著未來漁業生計，漁民們一次次大聲疾呼。彰化區漁會總幹事陳諸讚不忘時時打氣安撫：「我們盡所能地表達與爭取，要相信政府會考量我們漁民的權益，一切都會改善的。」

永續願景，卻與在地權益相扞挌

在環保署（今環境部）的會議室中，六家離岸風電廠商提案已獲初審意見通過，即將進入環評大會進行最後審查。

「發展風電是國家政策，是一輛通往永續的直達列車。面對溫室效應與氣候暖化等嚴峻挑戰，離岸風電正是減少溫室氣體排放的重要方式之一。而彰化外海，又是臺灣風力最豐沛的地區。」大會上，一名經濟部官員率先發言，爲環評大會開場，點出了這個開發案的關鍵意義。

二〇一五年聯合國氣候峰會中通過《巴黎協定》（Paris Agreement），全球各國更加堅定步上減碳抗暖化之路；隨後數年間，不只各國政府、世界各國大企業也紛紛要求供應鏈使用低碳產品、使用綠能。臺灣是出口導向國家，國內輕重工業廠商對綠電需求因此愈趨迫切。因此，中央政府於二〇一六年五月正式宣布，再生能源發展列爲國家政策，能源轉型需全力推進。

臺灣的再生能源選項有限，由於太陽能發電佔用寶貴的陸地面積，政府對離岸風電寄予高度期待。一名經濟部官員表示：「二〇二五年再生能源裝置容量須達 29 GW[1]之政策目標，其中離岸風電爲推動主軸，爲重中之重。」而臺灣的離岸風電最佳風場，就在彰化。

彰化縣因位處臺灣海峽狹管風口，加上沙岸地形、海底不深，地理條件優越，在經濟部能源署公告臺灣西部沿海三十六處離岸風電潛力場址之中，彰化縣沿海囊括近六成、二十一處潛力場址。

《遠見》雜誌記者李建興也曾報導彰化外海爲「全球罕見的優質風場」：

「二〇一〇年時，美國太空總署 NASA 也曾利用遙感資料，發現彰化沿海地區風力平均密度，每平方米超過七百五十瓦，特別是常年風速高達每秒七米以上。那時 NASA 就認定，彰化外海是全球罕見的優質風場。

相對於臺灣陸域風力機平均年滿發時數約二千四百小時，臺灣海峽的離岸風場，年滿發時數可達三千小時，約占了一年的 34.2%。」[2]

各項數字和調查都再再說明了，彰化海域是全臺發展離岸風電的最佳地點，也寄托了臺灣政府與社會將能源轉型的希望。然而，環評大會場外，漁民抗議聲不斷。同一片海域，既是漁場，又是發電風場，能源永續與地方權益之間出現了衝突。此無奈的衝突局面，讓不少在場官員與專家學者陷入沉思。

引入國際資源的綠能廠商，遭遇未見之抵抗

環保署內，在漁民代表不願踏入的環評會議室一隅，坐著開發案提案團隊。彰化漁

民所強烈表達的不滿，讓他們神情緊繃。

專注於再生能源基礎建設的哥本哈根基礎建設基金（Copenhagen Infrastructure Partners／CIP），是離岸風電開發商之一，也是這次環評大會的候審方。數十年來，CIP從無到有催生歐洲離岸風電產業，具備厚實的專業與經驗，這一次來到臺灣參與離岸風電投標，將引入國際資金建設臺灣風能。這是CIP進入亞洲第一站，企業內外都做足準備要協助臺灣走向能源轉型、發展離岸風電。不料在環評階段，CIP遭遇了未預想到的抵制。

CIP區域總裁許乃文是當時彰芳西島離岸風場的開發長，她深知重大工程建設的風險，因此在提出的環境影響說明書上，努力著重施工風險降低對策。有關離岸風場開發對於漁民群體的衝擊，她也以誠心透明的態度溝通對話。

許乃文將環評現場面臨抗爭的情況回報至總公司後，便與專案執行長一同進入漁民聚集、氣氛極爲緊繃的會議室，她誠懇地請求並與彰化區漁會總幹事陳諸讚對話：「我們非常重視漁民權利，一定會與漁民朋友共榮共好，請給我們一個機會來證明！」爲了進行中的環評審議，她希望先爭取漁民的信賴，後續透過溝通取得共識。

明確表態：漁民權益不容侵損

這場環評大會前，彰化漁民們在環保署大樓外召開記者會，怒喊口號、呼籲政府重視漁權，「政府推動再生能源，不該將漁民當作犧牲品！潛力風場幾乎涵蓋彰化漁撈作業範圍，一旦未來風機一支支插下，這是要漁民怎麼活？」陳諸讚代表發言，要讓漁民的聲音被聽見。

環評大會開始後，漁會拒絕參與環評，只願進入隔壁的會議室，以具體行動呼籲審查委員「重視漁民權益」。眼見環評流程進行，陳諸讚的心情也愈來愈沉重，他明白發展再生能源是爲了環境永續，但他也堅定向官員、學者專家提出：「彰化縣內近萬名漁民權益也不該被漠視。倘若未來海面無法捕撈，受影響的不只是漁民，更將危及整個產業背後數萬家庭的生計與溫飽。」

面對CIP開發團隊提出懇談協商的邀請，陳諸讚堅決地表達：「離岸風電勢必重創彰化沿近海漁業，這是漁民生計，如果沒有具體且我們可以接受的解決方案，我們是不會展開協商的。」

面對開發商，帶領漁民北上的彰化區漁會總幹事陳諸讚立場非常堅定，因爲他明白，這次抗爭的結果，將大大影響彰化漁民的未來。

環評會場內外情勢緊張，立場無法協調，以致於審查會議無法當場得出結論。這一場攸關臺灣能源永續、漁業與經濟的關鍵審查會議進入僵持，一切似將破局，離岸風電的未來發展陷入茫然。

協商的時機，謀定而後動

彰化區漁會與漁民的堅定抗爭，減緩了離岸風電開發的進展。但數月之後，開發提案通過環評之結果宣布，開發商遴選結果也緊接著出爐，意指彰化外海將正式展開大規模的離岸風電建置工程：政府離岸風電遴選結果出爐，共發出容量 3.836 GW。其中 2.4 GW 在彰化外海，佔了 62.6%，丹麥哥本哈根基礎建設基金（CIP）獲得「彰芳西島」開發權，核配容量爲 600 MW。[3.4]

在此之後，彰化區漁會頻頻接到離岸風電開發商CIP的拜會邀請，欲與漁會開啓對話、協商共識，CIP區域總裁許乃文更是幾乎每個月都率領團隊登門拜訪。

同時間，幕僚也向陳諸讚反映，CIP已開始於彰化沿海六鄉鎮舉辦多場說明會，並拜會各鄉鎮公所。

陳諸讚過去在政界的舊識、任職於彰化縣政府的好友更紛紛捎來消息，曾任彰化縣政府建設處處長戴瑞文，已被CIP延攬擔任彰化推動辦公室秘書長，要借助他豐富的在地經驗，爲漁民與風電開發構思出雙贏的解方。

面對CIP邀請協商，陳諸讚決定暫時採取不見面、不回應的堅持立場與態度。他知道自己現在身爲漁民的代言人、代表彰化縣漁民群體，且背負上千漁家的生計使命。陳諸讚決定：「這是一場長期戰，要讓對方看到這一份不容動搖的決心。現階段應安撫漁會會員內外情緒，並全盤了解與分析情勢、做足準備，才能爲漁民爭取到最多的權益。」

三、全力部署，爲談判做周全的準備

隨著風電開發環評結束，各開發商開始進行工程的準備階段，彰化區漁會總幹事陳諸讚明白，雙方的協商已不可避免，重點將是如何爲漁民爭取到最佳的補償方案。於是，漁會召集所有幹部開會，討論離岸風電進入彰化沿海後，漁民與漁會的應對措施。

會議室一早就坐滿神色凝重的漁會選聘任幹部和漁民代表，陳諸讚開宗明義：「風電廠商不了解漁業實況，必定會低估漁民的損失、忽略漁業的長期課題。我們需要有明確資料與證據，以爭取最優補償方案。既然是長期戰，我們的作業就該制度化。」

經商討，會中決定成立風電委員會和風電策略小組，兩方向併進，爲協商做最完善的準備工作。

分工司職，為權益蒐證構思

在策略擬定後，陳諸讚挑選彰化區漁會幕僚、推廣部與資訊部職員，以及具備離岸風電基礎認知的內部員工組成「策略小組」，主責各項與離岸風電有關的調研業務。

「影響漁業產量的因素很多，若要爭取補償，就要有明確可信的證據。」陳諸讚在會議時告訴策略小組，現階段不論多小、多細微的影響都要盡量採證並列入評估，或許目前還看不出因果關係，但未來都可能成為支持補償的有力數據。

每周密集進行會議的策略小組除了負責調查採證漁民的經營現況，評估漁民在風電開發後會遭受的損失、並精算最適合的補償方案；除此之外，更進一步規劃長期漁業轉型方案。

接下來，陳諸讚進一步召集有意願的漁會選任幹部、各漁民小組長組成風電委員會。策略小組研擬的補償方案，是否適合漁民並切中漁村需要，由漁民代表親自作主與判斷。

「這樣的方案，是否足以補償漁民的損失？」、「還有沒有可能對漁民損失更小的方案，日後我們要向ＣＩＰ爭取？」總幹事陳諸讚在風電委員會上，帶領三十三名風電委員，在會議中針對受影響案件處置與補償方案細細討論。三十三名風電委員代表彰化區漁會的上萬名漁民，做出最有利漁民群體的決策後；其決策也隨時匯報理監事會審議覆核，確保公開透明，所有漁民方方面面的權益得到保障。

總幹事陳諸讚坦言，風電委員會運作之初，也曾出現漁民對漁會處理方式有意見，欲另組織自救會進行與離岸風電廠商的抗爭。但陳諸讚親自出面懇談：「漁會正在傾全團隊之力處理爭議。我相信漁會有能力作為中間人協助處理。歡迎你們參與漁會的風電委員會，我們一起爭取權益。如果你們參與一個月後仍不滿意，要自己另尋管道爭取權益，那我都尊重。」爾後，不滿的聲音漸漸消弭。

這個應運而生的彰化區漁會「特殊任務編組」，隨時序進展，處理層面從近在眼前的短期危機到前瞻性的長期漁業轉型，從維護漁民權益到漁業資源復甦，可行的方案逐步浮現：

「輔導漁民將流刺網漁法改成一支釣，漁獲量可以不輸流刺網，只要有穩定收入，漁民反彈應該會減少。」

「海洋漁業相關學者，提出箱網養殖、海洋牧場、魚苗繁殖栽培等作法，並有多年研究基礎，將是漁業資源衰減的解方！」

原本漁會成員們對未來充滿焦慮與不確定感，但在一次次會議、方案逐項討論中，陰霾似乎漸漸被風吹散，畫面逐漸清晰明朗。

站在漁民立場，爭取協商機會

CIP離岸風電海事工程預備作業、人力物力資源、外包商，甚至外包商的下游廠商都已到位，獨獨缺少那一份施工許可證。

彰芳西島離岸風場開發案，經濟部已核發籌設許可，但施工許可，必須等到開發商與彰化區漁會簽署漁業補償協議，才會核發。

針對受衝擊最大的漁民，CIP開始在彰化沿海鄉鎮密集舉辦說明會，解釋離岸風電的運作，降低漁民疑慮，同步也與漁民建立關係、蒐集在地建議。同時，CIP也聘請專家學者構思具體方案，以減少漁民損失、提供漁民合理補償方案，進而輔導漁業轉型，讓漁民在風電開發中後，有更好的工作前景。

CIP彰化辦公室成員走遍彰化沿海鄉鎮舉辦馬拉松式在地說明會、講座、活動，深入與居民溝通離岸風電的好處，讓彰化居民愈來愈理解風電對臺灣，甚至全世界的正面效益。

CIP也成立彰化近岸永續發展基金，挹注經費支持沿海六鄉鎮執行提升福址、改善環境、促進農特產、照顧弱勢與年長者等計畫，做爲融入在地居民的契機。

▲CIP 彰化推動辦公室秘書長戴瑞文，前往漁民代表大會進行離岸風電開發案說明。

隨著累積並分析的資料日益充足，在地聲音蒐集逐漸完整，ＣＩＰ持續不懈地提出拜訪彰化區漁會的邀請，以打開正式的溝通管道。

準備就緒，以協商打造百年願景

「總幹事，ＣＩＰ那邊又提起，希望下周來拜訪，並討論針對漁民的具體補償方案！」策略小組成員在會議上報告。

該不該開啓協商？這是不是一個好的時機點？會議上衆說紛紜。

「臺灣能源轉型有時間壓力，或許該為國家大局考量。」有人支持。

「拖更久，給中央壓力，才能展現我們的堅定與決心。」也有人反對。

二〇一八年年底，連續數周的密集討論會議、參酌各方專家意見後，彰化區漁會方面的調查已然充份，對於顧及漁民福祉的訴求已然清晰。略為思索後，他向理事長、常務監事口頭告知決定：「訂下時間吧。我們準備好了！」這一次，陳諸讚總算點頭，他決定作為彰化漁民團體代表，挺身而出為漁民爭取權益。

四、馬拉松協商，爲漁民爭取權益不鬆口

爲讓能源轉型政策落實，中央政府爲離岸風電的商轉訂下明確的目標與時間表。彰化區漁會總幹事陳諸讚了解，離岸風電是臺灣能源轉型及淨零碳排的重要解方，彰芳西島的離岸風電開發已是定局，不可能阻止；「漁會所能做的，就是在協商過程中，爲漁民謀求最優的方案。」在與CIP代表面會前，陳諸讚語重心長地對幕僚說。

互敬談判中，堅持捍衛權利

「同一片海洋，你們的風場，是我們的漁場。」陳諸讚這麼告訴CIP團隊。彰化區漁會會議室中，雙方隔桌對話，期望尋找永續能源與漁業共存的解方。

「漁民將失去作業的漁場，我們一定要確保近萬漁民會員損失減到最低，並能得到經濟上的協助，這是我們不能退縮的堅持，請你們理解。」陳諸讚總幹事代表彰化區漁會發言，語調斬釘截鐵。雖然CIP團隊展現極高的誠意，但陳諸讚也明白，企業總是有一本帳要算，必定希望壓低成本，增加利潤與電價的競爭力。因此，漁會團隊並不預期CIP團隊會輕易答應漁會提出的條件。每項方案他們都需要全力以赴、據理力爭。

雙方以善意開場，在互敬態度下懇談，但面對須捍衛的權益、需爭取的事項，漁會也堅決不退讓。於是，自二〇一八年底開始，漁會分別與CIP及中能等離岸風場開發商進行了長期的協商，開啓我國系統性漁業補償協商的先例。雖然雙方出發點不同，但彼此尊重，以理性與務實的態度尋找解方。彰化區漁會爲爭取補償方案做了充足的準備，當開發商在協商過程質疑補償方案的內容時，總幹事陳諸讚總能以有力的資料做佐證，爭取漁民權益。

最終，CIP彰芳西島團隊與中能團隊和彰化區漁會達成共識，順利簽署了漁業補償協議。此協議後續由漁會匯報至理事會通過、漁會代表大會追認，再上報主管機關彰化縣政府核備，正式定案。

▲彰化區漁會與CIP簽訂漁業補償協議，完成跨時代協商。圖右至左依序為為彰芳西島專案執行長、時任彰化區漁會理事長陳宗義、律師公證人。

資源復甦與轉型，為未來開展生機

近年來，沿近海漁業資源出現衰減趨勢，彰化區漁會多年來一直與學者合作，研究評估長期漁業資源復甦計畫。在協議定案後，總幹事陳諸讚也極力呼籲彰化外海的風電廠商支持彰化的漁業轉型：「建造風機後，彰化海域地貌被改變，漁民捕撈空間受限、漁獲量也可能受衝擊而減少。我們勢必要用更整體的方案增加漁產。首先，應先從設立『魚苗繁殖栽培中心』開始，研究適應彰化外海風場環境的魚種，並確保穩定供應高品質魚苗。第二，發展箱網養殖，在海上架設固定構築的圍網體，爲魚苗提供安全且可控的生長環境，以提高海域魚群密度。第三，發展海洋牧場，透過投放適當的人工漁礁，打造合適魚類的棲息和繁殖的海洋生態系統，再放流合適種類的魚苗，提升漁產量。第四，支持漁撈方法革新，例如培訓、協助漁民從傳統的流刺網漁法轉爲一支釣，讓漁民維持基本的漁獲量。」

「以上作法，將是攸關彰化漁民未來長期生計的方案，目的都是爲讓彰化外海風場與漁場共存共榮，請離岸風電開發商務必支持。」

五、群體福祉優先，漁業與綠能兼顧

彰化區漁會鹿港總部大樓外，一早九點不到便出現數輛廂型車停靠，數名歐美臉孔人士魚貫走入漁會。這群外國訪客神情嚴肅，令不少來漁會洽公的社區居民忍不住多看兩眼。不過，更詫異的是來到會議室的外國賓客。只見會議室內數名彰化區漁會幹部早已坐定等候。不只成員儀容整齊，桌面更擺上熱騰騰的咖啡和精緻的歐式點心。

「這場臺灣離岸風場的ESG盡職調查，怎麼像正式國際外交會議場合？」六名賓客大感意外。

國際專家驚豔：漁民攜手能源轉型

彰芳西島離岸風場專案，這是第一座CIP在亞太地區開發的離岸風場；而此案的ESG、企業社會責任面向，自然也備受全世界關注。

二〇一九年十一月，挪威出口信用擔保局資深永續評估專家、丹麥出口信貸顧問、韓國貿易保險股份有限公司環境與社會團隊總監，則與永澧環境管理顧問股份有限公司（Environment Resource Management／ERM）環境暨社會顧問首席顧問組成的盡職調查團來到彰化區漁會，目的就是要考核ＣＩＰ在開發永續能源的同時，是否落實社會責任，確實保護自然生態與在地居民的生活福祉。專家團認爲，最直接的考核方式，就是走訪彰化區漁會，與第一線漁民團體會談。

「當時的盡職調查，其實我非常擔心。如果彰化區漁會在盡職調查中的答辯與說明，無法獲得專家們的信任，恐會延遲後續融資的進度！」時任ＣＩＰ臺灣區開發長的許乃文回憶。

當天，許乃文懷著忐忑不安的心情帶領調查團走進彰化區漁會，眼前的景象令她訝異。彰化區漁會內部與離岸風電業務有關的人員不僅全數正裝出席，每位成員的表現更是嚴謹且專業。

「對於離岸風場的開發，漁會期待開發商可以給漁民多少風場相關的工作機會？」「多少漁民願意爲了新的工作模式而接受訓練？」會議上，專家學者提的每道問題犀利直接，完全不客套。彰化區漁會的選任幹部大方從容地接下問題，依據策略小組的資料，即時、得體而詳盡地一一地回答。專家學者團隊的態度，從一開始的質疑，逐步轉爲信賴與佩服。會後，彰化區漁會總幹事陳諸讚更爽快地邀請顧問團一同用餐，在品嚐道地台式海鮮料理之際，雙方繼續暢談與交流。

在這次熱忱又專業的會談後，專家學者團隊被充份說服；後續的聯貸融資程序並未受到阻礙或刁難。彰化區漁會本身就有經營金融業務，因此陳諸讚總幹事深知盡職調查對於貸款程序的重要性。歷練豐富的他也同時看出，這場會議不只是對一筆貸款案的確認與勘查，更是國際對臺灣發展能源轉型前景的一次檢視，意義重大。在他的領導下，國際銀行代表都看見了臺灣的格局。

數月後，新聞刊出了臺灣離岸風電的關鍵進展：

「離岸風電開發商哥本哈根基礎建設基金（CIP）今（五）日宣布，彰芳與西島離岸風場專案融資近新臺幣九百億元，正式到位，此融資案由中信商銀與日本三菱日聯銀行，擔任共同財務顧問及領銜主辦，且唯一獲本土壽險資金直接投資入股並參與融資，此案在產業鏈、投資、融資、保險等面向，均創下臺灣離岸風電史上最高本土化紀錄。」5

陳諸讚知道，這次彰化區漁會成功爲臺灣博得國際間的好印象，也爲臺灣的離岸風電發展史寫下歷史新頁。

周延考量，每一個衝突案件都密切關注

在簽署協議後，工程得以開始進行。六十二支超過五十層樓高的風力發電機組，逐一以船舶搬運至海域，安裝至海底，成爲零汙染的電力來源。

隨著離岸風電工程進入施工階段，實際的影響與磨擦開始發生。在此過程中，雙方能否依協議中的規劃，減少漁民損失同時守護漁民權益，備受各界關注與嚴格檢視。

基於豐富的基層民代服務經驗，陳諸讚認爲：「建立制度化流程，是最能取信於民、防範抱怨、杜絕不公的辦法。」因此，彰化區漁會超前部署，建立起暢通的意見反應管道。

陳諸讚與策略小組一同建立縝密的通報流程，不論陸上、海上，任何漁民與離岸風電施

▲ CIP 與彰化區漁會達成漁業補償協議後，彰芳西島離岸風電工程就此展開。

工廠商發生糾紛，首先由漁民保全證據並拍照，並通報漁會彙整記錄。由漁會專責人員詳細調查前因後果，完成通報表；若有需要賠償，即送至彰芳西島及中能專案彰化辦公室。漁會與風場專案辦公室達成共識後，風場專案辦公室兩周內需回覆糾紛案件的處理進度。

若是沿海漁村居民向民代、鄉鎮公所反映問題，陳諸讚都會親自前往了解，蒐集資料後，與風場專案辦公室協商。處理進度都會透明公開，同步提供給民代與公所，化解各界擔憂。他以擔任民代多年的經驗判斷：「不能忽略每一件小事。」

居中仲裁，漁會一肩扛起難題

漁會是地方漁民組織，具有作爲中間仲裁者的合理性，但因這項工作極度考驗主責人的談判協調能力，因此常被漁會視爲避之唯恐不及的苦差事。漁業學者、國立臺灣海洋大學應用經濟研究所蕭堯仁副教授也認同此一任務的難度：「在沿海重大工程上，如遭遇有損漁民權益的情事，縣市政府、漁業署都會希望能由漁會出面代表，作爲溝通的統一窗口，加速協調成效，但有些漁會會認爲難度高、無法勝任而不願意介入。」

漁業署前署長胡興華也肯定過程中的不容易：「漁會是公益社團法人，具備作爲漁民代表的合理性。但漁會出面後，有多少人支持漁會則決定了漁會的代表性強度；如果漁民群體中，實際上參與、支持漁會方的人很少，會降低漁會的代表性，也就增加協調難度。」

我們也可以發現，協調當中常會出現各種不同聲音，甚至還可能出現有人自發成立團體爭取利益。在過程中，漁會站在代表漁民的立場與漁民溝通、與政府、投資者協調，確實非常不容易。

自二〇一八年底，離岸風電進駐彰化沿海開發至今，從未發生重大的漁民抗爭，也未有漁民受到權益受損的輿情報導，足見彰化區漁會作爲居中仲裁者的重要性，以及協調的周延與全面性。

由陳諸讚帶領的彰化區漁會，表現出超越國際合約的風範，讓國際看見彰化區漁會專業、前瞻的格局。陳諸讚總幹事知道這不只是漁民與廠商之間的協商，更是臺灣在地組織與國際社會的契約關係，每一步都將影響臺灣能源轉型政策的全盤推展，全世界都在關注。

歷史新頁，在堅持與毅力下寫就

「彰芳西島完工慶典是亞太金融界二〇二四年最大盛事，風場總計有七個國家主權出口信貸擔保，準時完工對我國際形象影響深遠。」

「彰芳暨西島離岸風場獲配容量為600 MW，規劃建置六十二座離岸風力機組，目前約三分之一即二十二支已併網，其餘近期取得電業執照，力拚全場商轉。」

「知情人士說，外資機構投資人能否對臺供應鏈產生信心，對支持臺灣離岸風電風場投融資具指標意義。」

文自《工商時報》，呂雪彗[6]

時序快轉至二〇二四年五月，原本因疫情、原物料因素一度進度落後的彰芳西島離岸風場，在彰化區漁會與CIP的合作下，六十二座離岸風力機組準時順利完成安裝，部分已併網發電、正式啓用。彰化強勁海風帶動風機二十四小時不間斷運轉，將潔淨能源送至超過六十五萬戶家戶。

作為上萬名彰化漁民的大家長，彰化區漁會擔任漁民與離岸風電開發商的仲裁人。

在此過程中，漁會既確保臺灣能源轉型與綠能政策得以推進，也兼顧漁民權益。短期而言，漁民取得漁業補償、爭議得到公平的調停，長期而言，更推動漁業轉型。

面對漁業發展與國家政策的兩難，漁會總幹事的角色與任務可謂艱鉅。國立臺灣海洋大學應用經濟研究所蕭堯仁副教授表示：「在重大工程的權衡上，我認為大部分的漁會總幹事應該都是很清楚整個社會演進和漁業需求的，所以近十幾年來，我相信他們應該更知道兩者如何共榮共存、共生共好。一方面須顧及漁民權益，但背後的漁業、漁村永續，也會同步思考。在一件事情上，漁會總幹事會

▲彰芳暨西島及中能離岸風場的劃設與運作，是臺灣離岸風電發展重要里程碑。

去權衡很多因素的利弊得失。」

自二〇一七年起，多家外國企業投資臺灣離岸風電產業，ＣＩＰ是第一家與漁會達成漁業補償協議的離岸風電外商。ＣＩＰ區域總裁許乃文憶及這段與彰化區漁會協商的過程，認為彰化區漁會團隊展現的專業與責任感極為難能可貴：「彰化區漁會是臺灣第一個能以國家高度、國際視角參與離岸風電開發過程的漁會，是第一個必須系統性處理漁民與國際廠商爭議的漁民組織，更是第一個理解且能夠與外商融資者深度溝通協力的地方團體。」

身為第一個，必定是困難的。但陳諸讚總幹事領導彰化區漁會將這些難題化為制度與流程。他們做到了。在這個案例中，彰化區漁會展現了漁業轉型的領導者的胸懷與擔

▲彰芳西島離岸發電風場及中能離岸風場是彰化區漁會與 CIP、中能風電經反覆協商共創的成果，九十三座離岸風力機組，開啓臺灣離岸風電劃時代新局。

當。雖然協商過程我們承受壓力與挑戰，但我仍對他的堅持毅力與前瞻視野感到敬佩。」

同一片海洋，既是漁場，也是風場。因爲空間重疊而造成的立場對抗，歷經開放且誠懇的協商，找到了平衡與解答。彰化區漁會成功帶領離岸風電開發商，尋得雙方永續共存的方案。這一樁共榮共好的案例，創下臺灣離岸風電劃時代新局，將成爲各縣市，甚至世界各國推展離岸風電的操作典範。

1. GW（百萬瓩）／MW（千瓩）常用於能源容量／發電量單位大小的描述，例如裝置容量或機組的發電量。
2. 李建興，二〇一八年，臺灣海峽的綠金寶藏，《遠見》雜誌。
3. 賴品瑀，二〇一八年，離岸風電遴選出爐 發出 3836 MW 外商達德、沃旭成大贏家，環境資訊中心。
4. 林淑慧，二〇一八年，離岸風電商成立二點五億基金 監測彰化開發風場環境，ETtoday 財經雲。
5. 林薏茹，二〇二〇年，ＣＩＰ彰芳西島風場近九百億元專案融資到位 獲二十五家金融機構超額認購，鉅亨網。
6. 呂雪彗，二〇二四年，支持臺灣離岸風電投融資ＩＰ彰芳西島慶賀團大陣仗，工商時報。

柒、漁會穩健體質的經營秘訣

一、波濤湧浪中，二十年煉成績優漁會

過去二十年，彰化區漁會在經營的方方面面，達成了卓越的成效與進展。

在金融授信方面，二十年來，彰化區漁會面對商業銀行的競爭，仍將信用分部深入各鄉鎮，並在存放款金額上一再突破，年增率甚至超越全臺金融機構平均值。

在供銷業務方面，彰化區漁會照顧漁民從產到銷，輔導養殖技術又協助銷售漁產品，將自有品牌、線上通路做出口碑，讓彰化漁產成爲令人信賴又受喜愛的在地名特產。

在服務漁民方面，開創長照據點、啓動社區照護網絡，將漁村中的長輩當成自家人照顧；爲家境清寒的國中小學子提供獎助學金；關注生態保育與漁村文化技藝傳承，落實了社會責任。

面對能源轉型趨勢，更毅然扛責開啓跨時代協商，扭轉對立局面，開啓彰化綠能新局。如今的彰化區漁會不只是漁民團體，還是個經營有成的銀行、穩定營利的品牌，更是關注在地需求的社福機構。

看到彰化區漁會今日的成就，可能會忽略達成的歷程是多麼艱難。許多農漁會也希望改善體質，走向穩健經營，但卻困陷旋渦，無法前行，逐漸羸弱，甚至沉溺。許多研究與報導指出，過去二十年，常困住農漁會發展的渦流包括：

管理層受派系爭執影響，總幹事難以穩定任職，造成管理紊亂，經營成果每況愈下。經營管理層缺乏優良的管理方法、機制、原則，導致風氣不良，員工也消極懈怠。人才不願意進入農漁會，就算進入農漁會，因爲缺乏公平的考核升遷制度，也難以吸引人才長期任職。

在過去二十年中，彰化區漁會也行經這些危險的渦流，但總能遠避陷阱，持續穩健航行。超過萬人的漁會會員，如何自下而上維持團結，幹部有打拼的共識，理監事心念一致爲漁會著想？

透過什麼方法打造出權責分明的組織層級？如何提振團隊士氣，讓夥伴都感到光榮與認可？

透過彰化區漁會二十年實務經驗，讓我們一窺經營管理的致勝秘訣。

二、港內不起浪—團結穩定是發展基石

無論是研究皇朝覆滅，或是企業崩塌，歷史研究者總能辨析，導致一個機構走向失敗，最主要、最優先的原因，幾乎總是領導層，而不是外部影響。也就是所謂「肉必自腐而後蟲生」。

研究臺灣農漁會的學者與記者，也常指出相似的結論—當農漁會內部出現敵對派系，往往會陷入傾軋爭鬥，讓經營管理惡化崩壞：「某派系支持的人選擔任總幹事，另一派系就杯葛與抗拒，農漁會經營當然問題百出。經營實況受到批判，導致另一派系下次成爲多數後，立刻換掉總幹事，用自己的人馬。」

「一次又一次輪迴，不一樣的人，上演相同的戲碼。在彼此對抗內耗之中，經營廢弛，團隊士氣低落、人才流失，農漁會錯失改善與優化的機會，體質日益衰弱，甚至走向經營不良。」

如前漁業署長胡興華也如此分析：「漁業界風氣保守，人際關係相對顯得非常重要，很多事情會以人的關係作爲出發點。漁會透過間接選舉選出漁民代表並票選理監事，這也表示比較容易受人情影響或綁樁；選出的人也可能會受到過去支持者、漁會代表影響，而做某些決定。」

二十年前，不少農漁會都身陷內部派系對立的困境，有些較嚴重，有些較輕微。而內部派系衝突對立，對機構而言，類似凶險的疾病 — 無論先前健康與否，都有可能罹患；如果感染，就極難痊癒。

二十年來，彰化區漁會如何避免派系對立出現、滋長？

接納批評與異議，才可能避免派系

彰化區漁會數十年來，理監事選舉大致穩定有序。由積極參與的熱忱漁民領袖輪流參與選舉，在分區投票的制度中，總能選出彼此熟悉而信賴的理監事，也就一屆一屆確保漁會安定運行。而在某年的理監事選舉，卻沒有這麼順利。

一小群未曾擔任選任幹部，更沒有擔任理監事的漁民會員，對當時漁會表現提出各種批評，指責管理層表現不良，要爭取理監事席位。這樣的情況，在彰化漁會極為少見。一時之間，漁會管理層極爲緊張，紛紛討論：

「是不是有心人發動的，刻意要攻擊漁會，想破壞漁會的團結？」

「這些人先前都沒有參與漁會事務，就想選理監事？我們該和會員說，這些人沒資格批評，更沒資格參選！」

在七嘴八舌的討論過程中，原本不發一語的總幹事陳諸讚突然開口：「他們想當理監事，很好啊，我們來協調大家投票給他，讓他來做做看吧！」此言一出，衆人皆驚。

有如此反常的決定，並不是陳諸讚總幹事一時起意，而是長期的觀察與體會。在任何團體中都可能有派系，細究這些派系的肇因，往往並非深仇大恨，只是細小紛爭，在敵意之中不斷累加與升級。例如，當群體中某些人覺得受到漁會領導層虧待、利益被漠視了，他們決定表達不滿、爭取利益。這時，如果加以壓制，否定他們的發聲，日積月累，他們將更加不滿，於是更積極集結，不斷抗爭，以替換既有漁會領導層爲目標—派系於焉形成。未來，漁會若有兩個（或更多）敵對派系，彼此惡鬥、對抗、杯葛，將導致漁會、漁民、漁業各方皆輸的慘況。

「我的認知是，有反對意見的人，並不是對我們有惡意。若持對立意見的漁民會員進入決策層、了解了內部的運作與規則後，或許便願意以正面的態度參與合作。我們何不給他機會？」聽到陳諸讚總幹事這一番話，在場的漁會同伴們陷入深思。

以誠心化解對立，以溝通取代阻擋

在陳諸讚總幹事的協調之下，先前嚴詞批判漁會的候選人當選了理事；許多人都憂心理監事會將會陷入衝突與對立。但令所有人感到意外─這位新任理事正常履職，以積極且正向的態度參與，完全沒有採對抗作爲癱瘓理監事會。

原來，陳諸讚發現了這些漁民對漁會有意見，已經和他們接觸、懇談、逐一溝通，了解他們的期待，並以實際行動化解他們的不滿。陳諸讚說明他的心得：「我觀察到，漁民朋友重感情，沒有那麼多算計。所以當我遇到批評時，不會先入爲主認定他是敵對。我認爲有不同意見是正常的，所以我選擇誠心以對、就事論事，和持不同意見的人一一溝通討論。」

「除了小組長座談會這類正式場合之外，我歡迎會員平常就和我直接聯繫，我隨時都可以處理他們關切、不滿的事情。」

「當我尊重他，他便會願意以正向態度參與，共榮共好。後來我和他成爲朋友，他一直都非常支持漁會的作爲。這樣的方式，讓選任幹部都對漁會高度認同與支持。」

歡迎各種立場、態度的人，將之納入理監事會溝通協調，只是第一步。理監事之間，甚至選任幹部之間的歧見，陳諸讚總幹事也積極溝通協調，避免歧見衍生成對立，對立再惡化爲衝突，甚至積怨。漁會中階幹部沈宗儒股長說明：「當理監事意見不合，總幹事總會進行溝通；選任幹部之間有意見糾紛時，總幹事會授權漁會主任進行調解。只有當主任也不能調解時，才由總幹事出面溝通，擬定出大家都同意的方案，以化解對立。」

在該屆理監事任期中，一開始傾向批判、對抗的漁民會員，在一次次例會、商討、決策的過程中，果然逐漸了解漁會內部運作以及各種實況，更能同理過去理監事會上種種決策的原因。一味反對的姿態不再，彰化區漁會增加了能共商大計的夥伴。

最團結的漁會，來自最辛勤的溝通

現今，漁會的業務涵蓋金融機構、漁產銷售、社會福利；但究其性質與組織形態，漁會終究是個漁民組成的「人民團體」——也就是說，其基本運作的底層並非商業邏輯，而是人際關係。這也使漁會的管理，可能比一般的銀行與企業更爲複雜與困難。銀行與企業可以單純的經營盈虧進行管理，而漁會不能。漁會需要顧及所有漁民的權益與期待，而每個人的權益可能相抵觸，期待又各不相同。

就如同細菌無處不在，機構組織內部出現分裂、對抗的原因，也是每天都有可能發生。初期可能只是微小的意見不同，但歧見造成對立，對立激發衝突，衝突衍出敵意，敵意一旦擴大，積怨逐漸加深，將成爲派系間的仇怨，最終無法調和，在任何事物上都沒有妥協合作的餘地。這樣的內部衝突，常導致人民團體運作的低效，甚至敗落。

陳諸讚總幹事展示了，要避免走上這條道路，最好的辦法，就是在日復一日的工作

▲彰化區漁會漁民會員定期舉辦會員代表大會，總幹事陳諸讚積極參與，了解漁民需求。

中勤於溝通，在歧見萌芽初生時就予以化解。在彰化區漁會服務超過三十年的秘書洪一平認爲：「陳諸讚總幹事的爲人處事、化對立爲和諧的能力，源自於過去擔任鄉長、議員等公職的充分歷練，他總能讓各社區鄉鎮凝聚密合。彰化區漁會在六鄉鎮，共有二十餘名核心選任幹部，超過一百名幹部小組長，該如何弭平對立？若沒有很好的溝通協作，是無法做到的。」

漁會內部人和、向心力強，形成向上螺旋，團結使得彰化區漁會業務運轉不受阻礙，更有餘力與空間持續成長擴展。前漁業署署長胡興華也曾嘉許：「彰化區漁會的優勢之一，便是一直非常團結。有些漁會在選舉中間有爭議，造成業務的阻礙與紛擾。這些問題，彰化區漁會都沒有。」

「不論是發展自己的事業或對外爭取權益，彰化區漁會都能夠團結一致，這點是值得各地漁會學習的，團結一致才能妥善經營爲漁民爭取更多權益。」

以誠摯溝通、積極協調化解對立，陳諸讚總幹事的做法，像是爲彰化區漁會撐起一把保護傘，由內而外形成團結的士氣，讓員工得以專注於業務，將專業貢獻給漁民。

三、領導有道，周全的制度爲遠航打基礎

中午十二點一到，彰化區漁會鹿港總部員工們魚貫來到二樓的員工餐廳取碗筷用餐。六菜一湯已上桌，不分部門、不論職等，漁會員工們圍在圓桌邊，放下手邊工作，一起享用在地食材製作的員工餐。

陳諸讚總幹事如果沒有外部聚餐、應酬，總會加入，與員工同桌用餐，這是十九年來養成的習慣與默契。在這段時間，你看到的陳諸讚，與員工閒聊問候，毫無隔閡。但進入工作模式，陳諸讚就會轉嚴肅以對，以高標準要求。因爲他知道管理領導漁會的挑戰有多艱鉅——漁會體系類似公務機構，總有人希望

▲彰化區漁會總幹事陳諸讚在中午休息時間，與員工同桌用中餐，毫無隔閡。

攀附關係進入任職，甚至藉以晉升高位；漁會管理大量存款，並有貸款業務，若有人假公濟私，可能核放品質不良的貸款，造成重大損失。

二十年前，陳諸讚總幹事上任時，他就明白漁會的管理，如逆水行舟—要改善與優化，需要全力以赴；若是懈怠放鬆，組織的體質與運作可能就會快速惡化。這二十年來，他是如何確保漁會保持廉正與高效？

完備考核機制，避免用人偏私

缺乏完善管理機制的機構，其高層往往掌有考評升遷、人事任免的特權。在這樣的機構中任職的人，往往無法靠努力工作、累積能力、取得優良績效獲得認同；與高層有親緣私人關係、成爲跟前紅人，反能得到晉升之階。這樣的機構，縱使家大業大，總有一天也會萎縮破敗。

過去數十年來，臺灣有不少公私機構，都出現類似的管理不善—部分農漁會也曾有此流弊。二十年前，陳諸讚總幹事看在眼裡，從上任開始，就決心杜絕這樣的風氣。「我心目中沒有紅牌、黑牌，認眞努力就是紅牌。」他不但對部屬佈達堅定聲明，他也盡心打造完善、公平的考核制度。

考核制度包含兩次針對員工職責業務的考評：每年六月的期中考評，與年底的期末考評。各單位或分部主管先依既定指標，為員工的業務執行情況打分數，再經人事評議委員會審議。每位員工的優點與缺失，全方位評核意見並陳，送交總幹事整體總結，給出優、甲、乙等的考績。彰化區漁會期待所有員工協助推廣供銷部產品以及信用部存放貸，達成設定業績者也將得到鼓勵。

在職等升遷方面，表現優秀的員工，陳諸讚總幹事會觀察其特質、業務熟悉度與公關協調等能力，並綜合考量歷年考績。適合者會透過人評會程序，在每年的考核中提拔。但若擔任主管後表現不佳，也有可能評估撤除主管職，賞罰分明的制度督促員工不鬆懈。

無論是年度考績或是職級晉升，都一層層嚴謹審核、分級負責，無人能專斷偏私。員工不必擔心因人設事或是努力沒被看見。曾任職於全國漁會、深入研究漁會體系運作的學者蕭堯仁也對此印象深刻：「部分漁會在這二十幾年間很努力經營事業，讓漁會經濟自主性與財源提高。因此各漁會更深知，若是漁會出現能力不足的職員，很可能衍伸更多問題。這個意識在規模大的漁會尤為明顯，如彰化區漁會，主管、分部權責分明，他們自有一套能適當篩選中階主管的機制，確保升遷考核的公平有效。」

由上到下的嚴謹考核制度搭配目標不斷前進，正是彰化區漁會二十年來持續成長的原因。

組織權責分明，工作效率提升

在任職總幹事初期，陳諸讚發現，各種案件無論大小，皆需層層審批，到總幹事進行決策。若遇總幹事忙碌、公出，便「卡關」動彈不得，行政效率低落成常態。以信用分部爲例，每個客戶申貸案，過去都須上呈到本部經金融部秘書、總幹事審核。當貸放效率遲緩，對於急需週轉的客戶來說十分難熬—這樣的困境，對漁會放款的競爭力十分不利。

「需要給各階層主管充分授權，才能讓漁會業務高效率地推動，給客戶更快捷迅速的服務。」陳諸讚總幹事於是推動決策流程改革，將一定程度的決策權授予各辦事處主任、分部主管，提高效率與回應性，本部則每月透過主管匯報掌握狀況、做出更高層級的裁決。

「若眞的有事情需請示，我鼓勵各辦事處主任都直接電話聯繫本部，幕僚單位會快速了解並予處理，減少耽誤時間。」陳諸讚總幹事表示：「無論電話中、會議上、一起用餐時，各種場合都可以是溝通的好時機，我隨時歡迎員工和我交流討論。」彰化區漁會中階主管沈宗儒股長對此極有感觸：「漁會就像是一艘大船，主管員工們像是船上各

▲彰化區漁會組織架構權責分明，是團隊運作順暢的重要原因。

職能的水手；如果各自能做好自己本分，船就可以開得又快又平穩。總幹事將權限下放，讓我們都有充分的空間努力發揮。」

業務充分授權下，彰化區漁會近二十年來組織架構幾乎穩定無變動，運作順暢，團隊充滿執行力。

成果得各界肯定，更帶動員工士氣

彰化區漁會大門口貼滿得獎榜單，豔紅布條非常醒目，令來到漁會洽公的漁民和在地居民很難忽視。這麼做的原因並非虛榮或對外炫耀。在類似公家機關的機構中，行政與財務工作日復一日少有重大變化。若無刺激和競爭，員工很容易因業務

▲彰化區漁會總幹事陳諸讚鼓勵員工積極爭取獎項，透過提報獎項過程綜整業務，也能促進團結、帶動士氣。

一成不變而缺乏士氣，氣氛沉滯如死水，甚至變成只爲打卡上下班、等退休的上班族。陳諸讚總幹事十九年的任職期間，極力避免彰化區漁會走向這樣的命運。他的辦法是：爭取獎項。

「爭取獎項能讓員工更有動力，還能促進團隊合作。得獎對他們來說更是最棒的肯定。」每年不定期參與全國性農漁會獎項，是陳諸讚總幹事想出的提升員工士氣、刺激團隊競爭力的做法。

剛開始提報獎項，陳諸讚決定先從有把握的金融領域開始。徵授信品質、推動數位金融，一向是彰化區漁會最有自信的業務。既然爭取，就全力以赴。自從決定參賽起，負責部門便籌組專責推動小組，了解競賽規章、搜集數據、撰打備審資料、上呈審核⋯⋯籌備過程動輒數月甚至半年。不熟悉的部分，陳諸讚總幹事鼓勵同仁尋找「外援」，例如跨部門請益同仁，或參訪其他表現傑出的農漁會以進行學習，在交流過程中一步步習得經驗。

「有些競賽需要口頭簡報，我們還請資深主管、秘書扮演主考官點評、計時，訓練同仁不斷模擬演練，鍛鍊口齒清晰和台風穩健。」回想起過程，陳諸讚總幹事深知每一個獎盃都是得來不易，參與過程可都是煞費苦心。

十餘年來，彰化區漁會的獎項從金融業務、漁產品、產銷班到漁村長輩照顧，每一個業務領域都有斬獲。外部的肯定，帶給漁會員工極高的光榮感。「對外的競爭會形成一股向上力量。有光榮感，員工在業務上就會有強烈的上進心。」陳諸讚總幹事觀察到：「曾經得過獎的競賽，隔年若錯失，員工就會自主檢討哪裡還需要加強，要做得更好。」

「這次沒得第一，下次要努力拼回來。」這樣的精神，讓彰化區漁會從上到下，每一位員工都積極爲民衆服務、爲漁會爭光。

身先士卒，要求部屬前先以身作則

陳諸讚總幹事從基層做起，歷任村幹事、鄉民代表一路到鄉長和議員，因此第一線人員的心聲，陳諸讚總幹事清楚不過─以身作則、親力親爲，才能讓員工眞正敬佩服氣；否則，各種要求與規則都將虛有其表，無法貫徹落實。因此，所有的規則，陳諸讚總幹事都從自己帶頭示範。對於職位與貸款的人情關說，總幹事從不對自身的親朋好友破例。爲了讓案件流程更加快速，他從不讓公文在自己的書桌上隔夜等待，甚至樂意讓員工在假日帶急件到他家核章。

爲與中央協調漁民退休金、天災補償、漁民在港區使用空間等課題，他可以密集往返臺北，不以爲苦。多年以後，時任漁業署長的胡興華先生仍印象深刻：「當時設立彰化濱海產業園區之際，彰化區漁會很擔心漁業會受到很大的衝擊，於是不斷爭取漁港使用空間，要讓漁民有漁港可以進出。我記得陳諸讚總幹事來談非常多次，慢慢取得共識，讓彰化區漁會有更大的發展空間。」

爲了掌握業務實況，總幹事積極走訪魚市場與各辦事處，並參加每一場漁業產銷班班會。他告訴會員、幹部：「若有任何事，都可以直接打到我手機。」在會員員眼中，他比超商更全年無休。走訪彰化各界，陳諸讚同樣一馬當先：「爲了讓漁會接觸到更廣的客戶，有更多爭取存、貸款的機會，各種會議場合，我都盡量前往參加。例如沿海養殖協會、宮廟會員代表大會……人數多的地方我都去，找機會致詞，並做業務推廣。」

在持續精進學習方面，陳諸讚總幹事同樣不落人後。爲取得最新的管理知識、帶入商業資源，他在五十歲後仍申請進入中興大學企業經營管理碩士班就讀，並於二○一三年取得學位。在陳諸讚以身作則的示範下，彰化區漁會從員工到主管，無不對漁會的經營目標全力以赴，對規範原則堅持到底。

▲陳諸讚總幹事積極出席各地活動，推廣漁會業務總一馬當先。圖為二○二○年彰化芳苑漢寶社區發展協會重陽敬老活動。

四、知人善任，彰化區漁會成爲人才港灣

中南部鄉村地區學有所成的年輕人，常有這樣的感嘆：「想一展長才，北漂或進入大城市打拚，似乎是唯一解方？但，我並不喜歡臺北的擁擠與高房價，怎麼辦？」

中南部鄉村地區的機構與企業，也常有找不到人才的困擾：「人才好像只想往北部、大城市跑。我們想經營，卻找不到人才！」

「人才有鄉歸不得，家鄉有職求無人。」似乎成了近年求職寫照，但這個情況，現今在彰化區漁會可不存在，彰化區漁會埔心魚市場股長許展彰，就是眾多案例的一個。

平等溝通，確保人才有最佳發揮崗位

「資訊人才沒出缺，但這次錄取的許展彰很優秀，我們該怎麼任用，才能讓他能發揮所長？」這一年漁會招考放榜，新進人員的任用，讓陳諸讚總幹事很頭痛。

這一名資訊管理類別的新進人員能力齊全、經驗豐富，但身心已被上一份日夜顛倒的科技業磨耗殆盡，回到家鄉鹿港，希望能進入漁會就近任職，不巧目前漁會資訊人員暫無開缺。陳諸讚總幹事將人才視爲漁會重要且珍貴的資產，嚴謹慎重地處理每一位彰

化區漁會新進人員的聘用派任，不願優秀人員被大材小用、同時也希望能盡量滿足員工的需求。因此當這份履歷送達總幹事辦公室後，陳諸讚深思後決定與他當面一談。

起初，魚市場大夜班的工作被許展彰回絕了，作息日夜顛倒，他怕身體吃不消。「願意先委屈一下嗎？」陳諸讚總幹事態度懇切，經過一番長談後，許展彰被總幹事的誠意打動，點頭答應了。

夜班的魚市場，似乎沒有想像中辛苦難熬。適應工作節奏後，許展彰觀察到，凌晨二點開始運作的魚市場，像是一座齒輪環環相扣的巨大的機器，進貨、冷凍、拍賣、銷售、清潔，每一個環節都精準有效率的各司其職，但最令他訝異的是，魚市場的用電量竟然那麼大！他研究後發現，電力支出爲低溫倉儲主要營運成本，何不利用電力尖峰離峰價差來節電節費？

信任與支持，讓人才打磨再鍍金

儘管這個課題與本職大相逕庭，但學而知不足的許展彰持續研究、主動蒐集機電設備相關資料及請教專家。爲了提升專業知識，更下定決心在職進修。向陳諸讚總幹事請示後，總幹事大爲讚賞，並以實際行動支持，應允他以彈性工時來兼顧課業。於是許展彰進一步報考國立勤益科技大學流通管理研究所。

許展彰在求學的兩年期間，半夜上班，拂曉下班後接著上課，過著夜以繼日的高強度生活。學有所成後，他構思出完整「冷鏈維運監測節能計畫」，採用「離峰加載，尖峰卸載」的用電策略，靈活調控電力加卸載轉換，證明了高耗能的冷鏈設備在調校得宜的情況下，也可以成為創造收益的利器。然而，冷鏈物聯網監測系統造價昂貴，且監測效益是否能立竿見影實乃未知之數。彰化區漁會當時預算有限，在面臨購置堆高機設備及建置物聯網監測系統的取捨與抉擇時，曾引發極大的爭議與討論，但在陳總幹事「有些事不作，馬上就會後悔」，且信任專業的當機立斷下，選擇創新建置了物聯網監控的基礎建設。

計畫推行後，許展彰便驚訝發現，創新的用電策略為魚市場省下近三分之一的電力支出，冷鏈的維運成本更是大幅降低。有了具體成效，漁會決定增設新倉及整修舊倉，擴增營業規模、複製成功經驗，挹注漁會經濟部門營收，成為魚市場多角化經營典範。

許展彰的計畫獲得漁會主管一致認可，更受總幹事陳諸讚拔擢提報，獲頒「彰化縣二〇二三年青年節社會優秀青年」殊榮。彰化區漁會更以魚市場節能案例提報爭取獎項，獲得有金融界奧斯卡獎之稱、金融研訓院頒發的「第十一屆菁業獎最佳ＥＳＧ獎」殊榮。

過去，彰化區漁會亦面臨人才短缺、業務推動力不從心的問題，但近年已不復見，漁會內部單位自發推動各項專案、獲獎無數便是例證之一。

鄰近的農漁會主管紛紛來探詢用人之道，每回陳諸讚總幹事都語帶自豪地提及埔心魚市場年輕的股長許展彰，當作青年回鄉求職並發揮所長的實例。陳諸讚總幹事常說：「彰化區漁會是人才港灣，我們相信人才的無限可能、運用人才適才適所，能替漁會帶來意想不到的重要貢獻！」專業人才的引進，搭配經營者合宜的人力配置，能夠帶動組織的進步；在彰化區漁會，許展彰並非個案。

體質革新，人才與時俱進

彰化區漁會與大多數的農漁會一樣，二十年前曾面臨嚴重的人才老化問題。當時

▲陳諸讚總幹事（左）用人唯才，十分支持埔心魚市場股長許展彰，對魚市場的冷鏈監測系統的革新做法。

員工總數約一百四十人，逼近屆齡退休年紀者不在少數。資深員工擁有豐富經驗、對業務熟悉，但面對數位轉型時卻顯得力不從心。電腦文書處理技能不足、社群軟體經營不熟悉、資訊查找應用不靈活，讓漁會在推動創新業務時頻頻碰壁。

「我們不但需要新時代的人才，而且要快，現在再不開始動起來，就太遲了！」在與理事會呈報後，陳諸讚總幹事上任第二年便推動優退，提供優渥的退休金，鼓勵資深員工提前退休，以便空出職位招募新血。優退後的全國招考，帶進具備專業職能的年輕人填補職缺，一氣呵成帶動漁會人才革新、體質轉變。以漁會信用部爲例，陳諸讚總幹事發現，「信用部門開缺時，吸引到不少銀行金融人才報考，希望回家鄉就近服務。」全國招考爲彰化區漁會帶進專業人才，使後續推動金融數位轉型得以順利開展。在新進人才勇於創新嘗試之下，農委會推動農漁會執行的數位方案，例如行動銀行APP、行動支付等業務，都能成功配合推進。

二〇一八年彰化區漁會配合農漁會資訊共用系統整合，獲全國農業金庫特殊貢獻獎。陳諸讚總幹事代表領獎時將榮譽全都歸功於漁會全體員工：「人才是漁會最大資產。唯有人力素質能與時俱進，才能帶給漁會積極的工作士氣，也正是推動漁會不斷前進的動力。」長江後浪推前浪，彰化區漁會因人才革新，形成一股充滿朝氣的新生代力量，但在充實人才之餘，體質也需穩固的人力配置制度才能健全。

全國招考，職缺讓有才幹的人才公平競爭

「總幹事，推廣部那邊有缺嗎？我孫子大學剛畢業，很優秀、很肯學，有可能安排一下？」近年來，彰化區漁會薪資為全臺漁會薪資頂標，加上福利好、工作穩定，在此工作人人稱羨，關於人事任職的請託不斷，讓陳諸讚左右為難。

「人事聘用是總幹事職權，但我知道不適任的人進來都是負擔。」陳諸讚總幹事解釋，在他任職期間，他曾堅持漁會員工須具備專業度。因此，他一貫堅持，錄取員工要有七成來自全國統一招考。漁會和公家機關的人才招考方式相似，都是透過考試系統辦理。全國共三十九家漁會盤點職缺與需求人才後，向農業部漁業署報出缺，之後由全國漁會統一招考，通過考試才能獲得進入漁會工作的資格。

關說請託電話頻頻，正是因為彰化區漁會錄取率為全國所有漁會中最低。陳諸讚總幹事表示，過去曾開出五名職缺，報名人數達一、兩百人，錄取率不到5%。

「歹勢！眞的沒有合適的職缺可以提供給您！」陳諸讚總幹事堅定地抵擋住關說壓力，盡量以招考方式網羅適合的人才，要讓希望眞正有能力的人才加入，讓漁會體質保有競爭力。

留住人才，貼心考量員工的需求與發展

「引進人才、適才適所只是第一關，更重要的是後續的人才育成與留用。」讓每個人才都能與漁會一同成長，更是陳諸讚總幹事認爲身爲經營者，不能推卻的重要責任，目前的結果也令他滿意：「漁會所晉用的人員中，幾乎沒有自主提離職的案例。」每個員工的人格特質、長才領域，甚至家庭背景、職涯想法都大不相同，該怎麼留與任，陳諸讚總幹事相當重視。彰化區漁會在沿海鄉鎮共七個分部與辦事處，考量人員的通勤距離，漁會往往會妥善調配人力，盡量人性化地讓員工就近上班；另外，信用分部屬金融機構，亦需重視人員安全性，因此各區信用分部盡量男女比例平衡，男性職員也不會低於二人。

讓每一位員工的家庭與工作都能兼顧平衡

▲彰化區漁會重視員工培訓，定期辦理員工在職訓練活動。

外，彰化區漁會也同時給予員工進修機會。全國農漁會每季固定與中華民國農訓協會聯合辦理課程培訓，協會針對必備職能開課，農漁會上繳費用並安排人員受訓，人人都有機會。經過專業培訓，人才進入職場能快速上手，也能認識其他農漁會的人員，產生交流與良性競爭。受訓期間，漁會提供交通費與住宿費補助，讓人員學習無負擔，受訓完成後還會視表現與個人能力酌予晉升。

人才匯聚，漁會體質再提升

過去農漁會的人事聘用，常被地方人際關係影響，以致無法以人才作為第一考量。但近二十年來可以發現，彰化漁會員工走向年輕化、學歷水平也逐年提高，其中甚至多有在大型商業銀行工作經歷的背景。人才被視為漁會發展的重要資本，員工回鄉服務亦能發揮所長不屈就，穩健的考核留用體制帶動漁會體質革新。曾任職於全國漁會、熟稔漁會運作的漁業學者蕭堯仁副教授認為這樣的變化將帶來擴散效益：「制度、人才到位了，漁會體質好，也就會有更多人才願意投入漁會；漁會的發展將走向正向循環。」

「高材生願意回鄉去報考當地漁會缺額，這代表該漁會經營穩定、風評良好、薪資條件優，人才因此願意回鄉工作。優質的青年勞動力願意回到當地漁會服務，對漁會來說助益非常大，這樣的正向循環對當地漁村環境更是有益的。」

五、經營有成─七屆任期，次次全票連任

長期研究漁會的學者蕭堯仁副教授曾表示，經營管理得當，是讓漁會永續經營，甚至邁向卓越的關鍵：「對漁會來說，這二十年來最大差別在於，經濟事業掌舵者若能妥善帶領團隊，員工也願意付出經營，那麼目前財務應該是非常健康，也因爲財務健康，便能爭取到更多人才加入團隊。制度、人才到位了，漁會體質好，也就會有更多人才願意投入漁會；漁會的發展將走向正向循環。」

這段話，用以形容過往二十年彰化區漁會的發展，可謂極爲貼切。長期的公職歷練，陳諸讚總幹事秉持著「既然要做就要做到最好」的態度，在接近二十年的彰化區漁會總幹事任期中，兢兢業業、始終如一。

在陳諸讚總幹事勤懇經營下，基層漁民到理事會決策層的全體團結，招募人才機制健全、考核獎酬機制完善，使士氣積極昂揚。

卓越的管理打造優秀的團隊，優秀的團隊則能開創亮眼的績效。彰化區漁會最引以爲傲的，是漁會存放款近年都是正成長，絲毫不受景氣影響，金融類獎項獲獎連連，各縣市農漁會紛紛來拜會彰化區漁會取經。

主管機關漁業署對彰化區漁會的執行效益，有高度的信賴與肯定。每到年底，若仍

有經費餘裕，總會詢問彰化區漁會有沒有計畫需要資金，非常信任彰化區漁會能將款項妥善的運用於效益最大的事務。

對於彰化區漁會管理品質最有發言權的，莫過於漁會理監事本身的評價——自陳諸讚總幹事二〇〇四年上任起，四年一任的總幹事遴聘，陳諸讚連續七屆獲得理事會十五票全數同意通過聘任。

十九年間，要一次又一次得到理監事會全票一致的肯定，顯然意味著漁會經營成果得到會員群體極高的認可，管理與制度不斷優化，而且漁會由下到上對於願景與目標已凝聚高度共識。而十九年來，陳諸讚也以全力任事作爲回報，帶領彰化區漁會持續欣欣向榮。

二〇二四年，彰化區漁會業績與成就迎向高峰。但就在這一年，陳諸讚總幹事依規定屆齡退休。在他卸任後，彰化區漁會如何持續穩固榮景、突破現況再創佳績？下一任總幹事如何尋覓、該由誰擔任，方可肩負起引領彰化區漁會走向未來的重任？

捌、更高的瞭望，爲引領下一段航程

一、功成身退，下一段航程誰接棒？

北上南返，東奔西走，繁忙的公務中，歲月流逝地飛快。彷彿不久前才接手彰化區漁會，迎難奮戰，卻一恍之間過去了十餘年。當陳諸讚總幹事乘坐高鐵往來飛馳，或在夕陽、烈日、星光之下獨自駕車巡查業務，愈來愈常想到一個問題。

「屆齡退休的時限快到了。會由誰接任下一棒，帶領彰化區漁會走向未來？」陳諸讚心中有一個極深的願望：「今日的成績，是彰化區漁會全體員工努力打拼成果。下一位總幹事，一定要確保能帶領彰化區漁會繼續成長，讓得之不易的榮景開展下去。」

退休進入日程，交接超前佈署

依明確的法條可以推算，二〇二四年一月，將是陳諸讚退休，總幹事換屆交接的日子。並沒有具體的開始時間點，但「交接部署」，在日常的經營中逐漸啓動了。每一次的部門主管會議上，陳諸讚都更認眞確保各部門權責執掌清晰、匯報機制順暢、金融業務交叉審核過程嚴謹、魚市場與辦事處資源充裕無虞、人力編制足夠、各任務小組運作穩定、業務與業績持續推進。

爲了讓供銷部、推廣部、信用部三大核心部門運作穩定，陳諸讚增補優秀人才進入團隊，將歷經考驗值得信任的同仁晉升爲中階主管，並新增部秘書員額，作爲部門主任的左右手—這些團隊架構安排，未來都將讓新任總幹事的接棒之路更爲平順。

大半年之中，他也格外留意出差時團隊的表現，作爲各部門業務自主運轉的「先期測試」。幾次下來，成果讓陳諸讚很肯定—自己已打下的基礎穩固，每個部門體質健全、狀況都令人放心。然而在此同時，許多工程與計畫正在開展，眼前的問題已經愈顯急迫—彰化區漁會下一階段該由誰帶領？

新任總幹事任務艱鉅

即將卸下擔任十九年的職責，但陳諸讚總幹事在屆齡退休前兩年，內心卻並不輕快。他心中常掛念著尙未完成的長期、重大事務……「離岸風場的開發正如火如荼進行，需要和各國內外廠商進行協議。未來，更複雜繁冗的談判即將展開，如何爲漁民爭取權益，確保漁業轉型方案得以落實？」

「線西的漁民活動中心、大城漁民活動中心改建、王功信用分部更新……彰化區漁會還有許多建設工程都需要對外溝通交涉、爭取經費。」

「理監事、選任幹部之間未來難保沒有意見分歧，需要開會溝通協調；沿海漁民會員的需求也得找時間了解處理好。能做到這些，並不容易啊！」

細數未來的挑戰，接任的總幹事可說是任重道遠，「需要具備國際觀、善於對內對外溝通，又要熟悉公務體系、能爲漁會爭取更多資源的人選啊！」陳諸讚心想。

業務多且雜，誰夠格掌舵？

無論是漁會內部團結、制度風氣、業務開展、漁民服務等等重大方面，總幹事的決策方針，都對於漁會的發展與走向造成莫大影響。熟悉漁業政策學者蕭堯仁副教授直指：「對漁會來說，總幹事的責任非常重大，在處理漁會事務需專業，更要具備對各方面的溝通能力，還需要直接面對理事會需求。」

「漁會總幹事不好做，漁撈養殖、水產品加工、信用部、推廣、離岸風電、漁電共生、永續發展、ESG，樣樣都要懂。」

漁業署前署長胡興華教授也分析：「接任總幹事人選，首要條件是對漁會業務、對漁會會員、員工都有足夠的了解，接續方面才會快速上手。總幹事的人選考量應以漁民服務爲出發點。」

此外，前後任總幹事的交接是否完善，也如同地方首長的政權交替，可能影響組織運作品質。前後任總幹事之間若彼此有嫌隙，可能導致既有的業務無法延續，甚至刻意終止前朝留下的優質政策，這樣的案例不在少數。

基於未來職務的需求，彰化區漁會未來的總幹事人選，需要在理解彰化漁民的同時有國際觀，需要在理解漁業的同時也懂光電與風能，需要在熟悉傳統的同時也能帶來創新思維—陳諸讚對接任人選，懷抱極高期許。

萬中選一，不容妥協

許多地方民代、選任幹部、彰化各派系人士，也都在關切陳諸讚總幹事退休後的繼任者安排，有意爭取總幹事位子的人並不少。有的直接表態，有的委婉請託，陳諸讚審慎地逐一與理監事評估：「這位人選資格夠，但我們觀察到他與選任幹部間多有私怨，許多人也對他的評價不太好……」

「學歷不足，不符合《漁會總幹事遴選辦法》要求。」

「這一位，他公職歷練層級不夠廣，也沒有國際經驗，接管漁會可能太過吃力……」

同時間，陳諸讚更花時間一一與有意者面談：「擔任總幹事需要頻繁往返臺北，與中央機關交涉金融事務，你覺得自己適合嗎？」

「我當初與風電廠商談判，每一家都需要複雜且冗長的協商才能定案，這部分能力你足夠嗎？」

一場場懇談中，陳諸讚仔細向有意者分析這份工作所需的能力、職掌範圍、利害關係以及所需要肩負的責任。起初人選們大多表現得躍躍欲試，但在溝通後，態度往往轉為消極，紛紛知難而退。

廿年來全體漁會成員努力達成的成就，不能因總幹事人選交棒而沒落消退，陳諸讚尋接班人的心意迫切。隨屆退時間逼近，下一任總幹事的合適人選仍未出現。

二、準備與磨練，爲的是不負所托

「諸讚，之後的人選找到了嗎？這事要及早先交接好。」與地方政界前輩泡茶，接班人選再度被問起，揭起陳諸讚心上的煩惱：「先前談過幾個都不合適，或沒意願。」

「我認識一個年輕人，你聽聽合不合適：光電科系碩士畢業，曾經去美國求學一年。他在我們彰化的某鎮公所基層待四年，學東西也學很快，他的父親還是漁會的老幹部。這人才有沒有考慮？」陳諸讚眼睛一亮，連忙打聽：「這個人的背景和經歷很符合期待啊！這個人才會有興趣來漁會任職嗎？請介紹一下。」

「你比我還熟他呢，就是威谷，你兒子啊！」前輩大笑。

「他啊……」陳諸讚搖了搖頭：「我可無法爲他做決定。得要他下決心才行。」

從農到漁，摸索中成長

與每一個社會新鮮人一樣經歷過職涯的摸索期，陳諸讚的次子陳威谷從元智大學光電所畢業後，前往美國遊學一年，回國後，原本打算進科技業工作，但在父親的鼓勵與支持下，回家開啓了從農之路。

陳威谷利用家鄉的空地開闢農場、種植杏鮑菇，對農業的興趣在每一次的彎腰採收中一點一滴培養。爲了將農業結合自己專精的科技領域，他自主出國短期進修管理技巧與科技工具，像在念碩士班一樣認眞研究杏鮑菇的太空包種植方法，生產系統逐漸穩定。與家鄉的連結日益加深，陳威谷更希望進一步爲家鄉農民做事，同時也希望更了解農漁業整體發展，他決定進入鹿港鎮公所農業課工作，一待就是四年。

在鹿港鎮公所的日子裡，增進了陳威谷對彰化農漁產業的認識，也開啓了他的眼界。頻繁接觸到縣府上級長官、民代、公務員、農漁民、農漁會幹部等各種不同的角色，四年內他熟悉公務體系的運作流程，更習得待人接物的寶貴經驗。對農漁政業務，陳威谷逐漸熟悉，開始對漁會和漁業有了使命感與認同感，並進一步理解漁會的重要性：「漁會方方面面肩負服務漁民、發展漁業的任務，漁會的優良經營需要妥善地發展與延續。彰化區漁會的寶貴傳統，需要傳承。」

決心接棒，考驗才開始

「漁會的工作沒你想的簡單，很多事情不斷變化，業務量很繁重的！」被兒子問及漁會的工作內容，陳諸讚嚴肅說道：「彰化區漁會的工作吃重且多元，不只是外界所認爲的供銷、金融、漁民服務業務而已。近年來沿海的離岸風電開發，涉及數萬漁民的身家命運。與風電開發商的談判溝通、確保漁民權益得到照顧、協助漁民處理與廠商的爭議，都是漁會總幹事的責任。」漁民大小事都與漁會有關，總幹事責任和工作量都大，任期由理事會決定，還不像一般職員有保障！

陳威谷不死心，不只一、兩次主動與父親談論，同時深入研究、了解漁會業務。他更自學報考全國各級漁會統一招考，考取八職等資格後，離開鹿港鎮公所職位，進入臺中區漁會服務。陳威谷的行動，讓陳諸讚明白「他是來眞的」，也第一次開始思考由兒子做總幹事接班人的可能性，但他仍有所猶豫。陳諸讚比任何人都明白接任總幹事的壓力與挑戰。「你若有心也做了決定，就得做好十足的準備。」在陳威谷正式進入臺中區漁會任職之際，陳諸讚語重心長地告誡道：「倘若你還不夠格，我也不會妥協放水，因爲你要是做不好，我辛苦奮鬥二十年心血通通都化爲烏有了。」

證明自己，展現決心

爲了爭取父親的認可，陳威谷可說是將求學時的認眞態度全用上。在臺中區漁會服務期間，他利用業務空檔，積極參與漁會提供的受訓課程。不論是金融、漁產供銷、資訊網絡，他都把握學習機會，積極登記報名，快速累積對漁會各層面領域的了解，也讓陳諸讚看見他進入漁會服務的企圖心。

下一屆的總幹事遴聘須提前準備與爭取支持，陳諸讚先帶著陳威谷與漁會選任幹部交流，並向理監事們介紹、多次懇談。同時，陳諸讚也深知一旦投入後，總幹事之職便是一件無法輕易卸下的重任，他也開始帶著陳威谷接觸漁會事務，試探兒子的決心。

距離陳諸讚屆齡退休前三個月，陳威谷正式向彰化縣政府農業處，申請登記爲總幹事候聘人。縣府後續進行債信、刑案、素行及考核等資格審查及成績評定，陳威谷均順利通過，並接受漁業署由專家學者組成的遴選小組口試面談，獲合格認可。

二〇二三年十二月二十八日彰化區漁會召開聘任總幹事會議，候聘人陳威谷等待理事會表決出總幹事人選。這時候，陳諸讚距屆齡退休，剩最後三週。

表決會前最後一刻，十五位理事齊聚在會議室，看向陳諸讚也盯著陳威谷；理事長嚴肅發問：「陳威谷先生，你的父親帶領彰化區漁會十九年，現在成爲全臺灣各方面表現最好的漁會，一路非常不容易。接他的職位，是沉重的責任。你眞的準備好了嗎？」

三、風起帆張：漁會傳承與未來遠望

「剛卸下彰化區漁會總幹事的陳諸讚，曾任芳苑鄉鄉長、彰化縣議員，同時補選上彰化區漁會第七屆總幹事，以及彰化區漁會第八到十二屆總幹事，前後擔任十九年總幹事，今年屆齡退休。兒子陳威谷獲得理事會的遴聘接任總幹事。」[1]

文自《自由時報》，記者劉曉欣

二〇二四年一月十七日的交接儀式上，三十七歲陳威谷在彰化區漁會理事長林明壽的監交下，從父親陳諸讚手中接下沉甸甸的印信，象徵總幹事職位轉移。

過去多次陪同父親來到漁會開會、處理公務，這一日是陳威谷第一次以總幹事的身分走進彰化區漁會、坐進總幹事室、蓋章簽核第一份公文。儘管花籃擺滿辦公室外、耳邊道賀的電話訊息不斷，但他並沒有雀躍欣喜，因爲他知道眞正的挑戰現在才開始。該如何延續漁會的榮景，並帶領漁會開拓更好的佳績，已正式成爲他肩上的擔子。

▲2023 年底，陳諸讚總幹事（左一）屆齡退休，陳威谷先生（中）獲聘為彰化區漁會第十二屆總幹事。

新任總幹事第一課：放膽問、盡量學

看見兒子順利就任，陳諸讚不禁回想起當年，自己初來乍到進入彰化區漁會的場景。前任總幹事張吉田當時因病突逝，讓接任的陳諸讚沒有對象能夠請益、沒有業務對口能夠交接，還得盡快熟讀漁會繁複的法令規章，一度令他措手不及。因此，他決定傳授新任總幹事陳威谷第一堂課：「放膽問，盡量學。」

陳諸讚深知，漁會業務浩繁，上位者若師心自用，勢必容易發生誤判，對組織發展將造成損害。他告訴陳威谷：「沒有人一開始就什麼都懂，任何業務細節，都可以隨時邀請主管或承辦人討論了解。」在交接期之後，陳諸讚雖擔任彰化區漁會顧問，但漁會內的重要會議、與中央部會協商交涉，陳威谷都已經能夠與漁會幹部的團隊緊密合作，並且獨當一面。而陳威谷也知道，若有任何幹部也無法排除的難題，有誰可以作他堅定可靠的後援。

書寫永續願景與挑戰的新篇章

彰化沿海的風機葉片，在風力帶動下日復一日不斷運轉；一如過去二十年，陳諸讚總幹事領導彰化區漁會革新卓越，現今再交棒給年輕一代。前瞻未來，隨著科技的發展和環境的變遷，漁業轉型成爲重要議題。離岸風電的開發，爲漁村帶來衝擊，也帶來機會。如何用風電的回饋投資未來，開啓漁業永續發展的新頁，將是未

▲彰化區漁會新任總幹事陳威谷（左）上任之初若遇不熟悉的業務，前任總幹事陳諸讚以顧問身份從旁協助，以確保完善交接。

來彰化區漁會的重要任務。

漁業署前署長、國立臺灣海洋大學胡興華教授認爲，漁會永續發展的關鍵在於前瞻與開拓：「期許未來漁會能夠利用外部資源，選擇好的合作對象，開發自己新的領域。因爲大環境不斷變化，對卓越漁會來說，應該立足於本身條件，掌握未來趨勢。早一點規劃相當重要，看到更遠更深的未來，爲漁民爭取更多利益，而非只看到眼前與當下的情況。」

這樣的殷切期許，也正與彰化區漁會傳承的理念呼應。二十年來，漁會在金融業務上成爲標杆、漁村社區經營成爲典範、救助弱勢與急難，並在供銷業務上同時造福漁民與消費者。這些成就獲得漁會會員、中央政府及地方領袖的高度認可。

「自我來漁會後，許多長輩、村里長、議員都時常鼓勵關心我，給我大力的支持，我永遠記得這份恩情。」陳諸讚總幹事回憶：「當時我就承諾自己一句話：無論我在哪個崗位，都一定要做到最好。」陳諸讚不但做到承諾，而且將這份使命，連同治理漁會的寶貴經驗，傳承給漁會的經營團隊。在更有國際觀、更具多元視野與能力的幹部團隊的掌舵下，彰化區漁會將能站上更高的瞭望臺，駛向更遠的洋海。

1劉曉欣，二〇二四年，不去台積電 陳威谷隨父陳諸讚腳步獲聘彰化區漁會總幹事，自由時報。

觀成長

跨越潮汐，迎風啓航
陳諸讚總幹事，帶領彰化區漁會成長蛻變的軌跡

作　　者　謝宇程、張芮瑜
視覺設計　徐思文
主　　編　林憶純
行銷企劃　謝儀方

總 編 輯　梁芳春
董 事 長　趙政岷
出 版 者　時報文化出版企業股份有限公司
一〇八〇一九　臺北市和平西路三段二四〇號
發行專線　（〇二）二三〇六－六八四二
讀者服務專線　〇八〇〇－二三一－七〇五．
（〇二）二三〇四－七一〇三
讀者服務傳真　（〇二）二三〇四－六八五八
郵撥　一九三四四七二四　時報文化出版公司
信箱　一〇八九九　臺北華江橋郵局第九九信箱

時報悅讀網　http://www.readingtimes.com.tw
電子郵箱　yoho@readingtimes.com.tw
法律顧問　理律法律事務所　陳長文律師、李念祖律師
印　　刷　勁達印刷有限公司
初版一刷　二〇二五年二月二十一日
定　　價　新臺幣三百八十元
（缺頁或破損的書，請寄回更換）

時報文化出版公司成立於一九七五年，並於一九九九年股票上櫃公開發行，於二〇〇八年脫離中時集團非屬旺中，以「尊重智慧與創意的文化事業」為信念。

跨越潮汐，迎風啟航 / 謝宇程、張芮瑜作 . -- 初版 . --
臺北市：時報文化出版企業股份有限公司, 2025.02
256 面；17*23 公分 . -- （觀成長）
ISBN 978-626-396-863-9（平裝）

1.CST: 陳諸讚 2.CST: 彰化區漁會 3.CST: 傳記
438.25　113014709

ISBN 978-626-396-863-9
Printed in Taiwan.